V

9ᵉ EXPOSITION
DES PRODUITS

DES MEMBRES

De l'Académie de l'Industrie,

A L'ORANGERIE DES TUILERIES,

EN 1846.

CATALOGUE
DES PRODUITS

PRÉSENTÉS

POUR FIGURER A CETTE EXPOSITION,

RÉDIGÉ

Sur les notices remises par MM. les industriels.

CE LIVRET SE DISTRIBUE

A l'Orangerie des Tuileries, galerie d'exposition,

Et au bureau de l'Académie de l'Industrie,

Rue Louis-le-Grand, 23.

PARIS,

IMPRIMERIE DE GUIRAUDET ET JOUAUST,
Rue Saint-Honoré, 315.

1846

BUT DE LA SOCIÉTÉ.

Chaque année l'Académie de l'industrie fait une exposition des produits de ses membres. Celle de 1846, qui se tient à l'Orangerie des Tuileries, et a ouvert le 15 juin, durera jusqu'au 6 juillet.

Tous les jours des comités spéciaux examinent les objets qui leur sont adressés par les membres au local de l'Académie, et ceux qui ne peuvent être déplacés sont examinés par une commission qui se rend sur les lieux. Des rapports sont faits sur ces objets.

Pour mieux faire apprécier les nouveaux produits, 1° cette Société propose et décerne des prix et des récompenses ; 2° elle accorde des médailles d'honneur en or, platine, argent et bronze ; 3° elle correspond avec les corps savants et les établissements industriels.

Elle publie en outre un journal semi-périodique contenant 1° l'exposé des comptes rendus de ses séances et de ses actes, les décisions de son conseil d'administration, le dépouillement de la correspondance, la nomenclature des ouvrages offerts, l'examen des principes et des méthodes les plus favorables au progrès des trois industries ; 2° les ouvrages couronnés par elle ; 3° les renseignements qu'elle peut se procurer sur les établissements, les travaux et les productions en tout genre qui, dans les divers pays, ont pour objet l'amélioration et l'avancement des industries agricole, manufacturière et commerciale.

L'Académie publie également, et aussi souvent que ses facultés financières peuvent le lui permettre, la collection des documents imprimés ou manuscrits recueillis dans les ouvrages, mémoires ou rapports, tant anciens que modernes, en langue française ou étrangère, relatifs à l'industrie.

L'Académie se compose aujourd'hui d'un grand nombre de membres français et étrangers.

On fait partie de la Société comme membre de *première* ou de *seconde* classe.

Les membres de *première classe* paient une cotisation annuelle de 30 francs, et ceux de *seconde classe* ne paient par an que 15 francs.

Les membres de la *première classe* jouissent de plusieurs avantages, dont un des principaux est de recevoir *gratuitement* les publications de toute nature ordonnées par l'Académie.

Ceux de la *seconde classe* ne reçoivent que le journal mensuel de ses travaux, mais aucun de ses mémoires.

La qualité de membre n'engage jamais à d'autre solidarité que celle de la cotisation annuelle.

Pour faire partie de l'Académie, il faut être présenté par un membre, et être agréé par le conseil d'administration.

Les personnes désignées aux suffrages de l'Académie sont priées d'indiquer avec précision, dans leur lettre d'adhésion aux statuts, la *classe* dans laquelle elles désirent être inscrites sur les listes de l'institution , et *d'écrire très lisiblement* leurs nom , prénoms , qualités , lieu de leur domicile , etc.

Les titres précités ne peuvent s'accorder qu'aux personnes qui se soumettent par écrit à l'une des cotisations annuelles ci- dessus prescrites.

Tous les membres indistinctement ont le droit de présenter des candidats , de jouir de la bibliothèque , des dépôts et archives de la Société , d'assister aux séances générales et des comités , etc.

Ils peuvent passer d'une classe dans une autre , et même se retirer entièrement , en prévenant le conseil, avant la fin de chaque année, de leurs intentions à cet égard. Ils paieront toutefois la *cotisation* de l'année commencée.

Ils reçoivent un diplôme *en papier* ou *en parchemin,* à leur choix. Le premier , dont le prix est de 5 fr., est *obligatoire ;* le second , dont le prix est de 15 fr., est facultatif.

L'Académie publie régulièrement, depuis sa fondation, sous le titre de *Journal de ses travaux,* un bulletin mensuel qui, indépendamment de l'analyse de ses séances, rapports , etc. , contient un grand nombre d'articles capables d'intéresser à un haut degré les agriculteurs, les manufacturiers et les commerçants.

Tous les numéros parus depuis le 1er janvier de l'année de leur admission , ainsi qu'un diplôme, sont adressés franc de port aux membres cotisés, dès qu'ils *ont adhéré par écrit* aux statuts de la Société , qu'ils ont été admis , et qu'ils ont acquitté le montant de la cotisation et du diplôme.

Outre le journal mensuel de ses travaux , l'Académie publie un recueil de *Mémoires* qui n'est envoyé *gratuitement* qu'aux membres qui paient une cotisation annuelle de 30 francs. Six volumes de ces Mémoires et treize du journal ont paru.

Elle met annuellement au concours un ou plusieurs sujets de prix, indépendamment des sommes destinées à délivrer des *médailles d'honneur d'or*, de platine, d'argent et de bronze, aux membres de la Société dont les *communications* sont jugées les plus utiles, et aux auteurs des découvertes les plus importantes.

Les mémoires, documents, communications, que les membres de l'Académie ou autres personnes veulent bien lui adresser, sont insérés, en leur nom, quand les comités les ont jugés utiles, dans son bulletin mensuel, ou dans le recueil de ses Mémoires, sous un numéro d'ordre, et concourent pour les récompenses qui sont distribuées annuellement.

Les cotisations annuelles doivent être versées *intégralement* dans la caisse de l'Académie, au plus tard dans les deux premiers mois qui suivent l'admission des membres, quelle que soit l'époque de cette admission. Elles sont renouvelées chaque année, dans le mois de janvier ou de février, par un mandat sur la poste qu'on délivre dans tous les bureaux du royaume, ou par un bon sur le trésor royal ou sur une maison de commerce de Paris.

Tous les envois d'argent se feront par la même voie ou par celle des messageries et diligences.

RÈGLEMENT

DE L'EXPOSITION DES PRODUITS DES MEMBRES DE L'ACADÉMIE DE L'INDUSTRIE A L'ORANGERIE DES TUILERIES EN 1846.

———

ART. 1er. — Les membres *seuls* de l'Académie de l'industrie sont appelés à pouvoir concourir à cette exposition, qui se tiendra dans le local de l'Orangerie des Tuileries.

ART. 2. Tout membre démissionnaire ou dont le paiement des cotisations n'est pas acquitté ne pourra être inscrit sur la liste des concurrents qu'après avoir été présenté de nouveau à la commission supérieure, qui verra s'il y a lieu de le conserver sur la liste des membres de la Société.

ART. 3. — Les objets appartenant aux membres de l'Académie de l'industrie seront *seuls* admis à cette exposition.

ART. 4. — Avant de pouvoir être exposés, tous les objets seront soumis à l'examen préalable d'un jury d'exposition.

ART. 5. — Les objets nouveaux paraissant pour la première fois à l'exposition de cette Société, et sur lesquels il n'aura pas été fait de rapport, ne pourront qu'être exposés, mais non concourir, pour cette année, aux médailles et récompenses qui seront décernées, en séance générale, quelques jours après la fermeture de l'exposition.

ART. 6. — Le jury d'exposition, dont les fonctions sont purement honorifiques, est formé d'une commission spéciale, composée de MM. le général baron JUCHEREAU DE SAINT-DENYS C✷, président ; MALEPEYRE aîné, vice-président; ODOLANT-DESNOS, secrétaire ; CAILLEAU, président du comité d'agriculture, et trésorier; MALEPEYRE jeune, président du comité de commerce; le Dr DANIEL

DE Saint-Anthoine ✳, secrétaire du comité du commerce; Sainte-Fare-Bontemps ✳, secrétaire du comité d'agriculture, le chevalier Estienne, et M. Dalmont, architecte.

Cette commission est chargée d'examiner, de choisir et de placer les produits qui lui seront soumis, et, de plus, de maintenir l'ordre pendant tout le temps de l'exposition, et de prendre à cet effet toutes les mesures qu'elle jugera convenables.

Les commissaires de service pourront, toutes les fois qu'ils le jugeront utile, s'adjoindre temporairement, pour les seconder, une ou plusieurs personnes prises parmi les membres du conseil d'administration ou parmi Messieurs les exposants.

Art. 7. — A dater du 20 mai, les membres de l'Académie qui voudront concourir à cette exposition devront se rendre, avant le 10 juin, dans les bureaux de la Société, pour adhérer par écrit au présent règlement et y remplir toutes les autres formalités adoptées par le jury d'exposition, et faire connaître les objets qu'ils se proposent de présenter au jury.

Art. 8. — Tout membre ayant rempli les formalités prescrites, ce qui sera constaté sur un registre ouvert à cet effet, recevra directement ou par la poste une carte portant son numéro d'inscription, qui l'autorisera à soumettre ses produits au jury d'exposition.

Art. 9. — Cinq jours avant l'ouverture de l'exposition, tout porteur d'un numéro d'inscription devra apporter à l'Orangerie des Tuileries ses produits pour les soumettre au jury, qui les examinera et indiquera le nombre et ceux de ces produits qu'on pourra exposer, ainsi que la place qu'ils devront occuper.

Art. 10. — *Tout exposant ne pourra exposer que ceux de ses produits qui seront admis par les commissaires présents à leur arrivée ; il devra en outre accepter la place que MM. les commissaires de l'Académie auront assignée à son numéro d'inscription, et il devra se soumettre aux changements de places et à toutes les*

mesures d'ordre et de police que ces commissaires juge-
ront nécessaires. Vu l'insuffisance du local et le grand
nombre des exposants qui se présentent cette année, il a
été décidé que tous les anciens membres de 1re et de 2^e
classe n'auraient droit qu'aux 3_l4 de l'emplacement
qu'ils occupaient à l'exposition de 1845 (sauf décision
ultérieure des commissaires), en développement, soit sur
les tables, soit sur l'estrade ou dans les travées. En ou-
tre, les membres de 2e classe qui occupaient plus d'un
mètre devront passer à la 1re classe, s'ils veulent conser-
ver la faveur dont ils jouissaient l'an dernier. Pour les
nouveaux membres, MM. les commissaires décideront,
suivant les circonstances, la place qu'on pourra leur
accorder.

Aʀᴛ. 11. — Chaque exposant sera tenu de venir occuper l'emplacement assigné à son numéro *trois* jours
au moins avant l'ouverture de l'exposition ; et, en cas de
retard , MM. les commissaires sont autorisés à disposer
de sa place.

Aʀᴛ. 12. — Tout objet, une fois entré dans le local de
l'exposition, ne pourra en sortir, lors même qu'il ne se-
rait pas admis à être exposé, que sur la présentation
d'une permission spéciale de sortie, signée au moins de
l'un des commissaires de service, qui ne la délivrera, s'il
ne connaît pas le demandeur , que sur l'exhibition de sa
carte d'inscription.

Aʀᴛ. 13. — Tout exposant pourra vendre ceux de ses
produits exposés , mais il ne lui sera permis de les livrer
aux acquéreurs qu'à la fin de l'exposition, à moins d'obtenir une permission toute spéciale du jury, et toutefois à
la condition expresse de les remplacer le lendemain ,
avant l'ouverture , par un échantillon analogue.

Aʀᴛ. 14. — MM. les exposants se chargeront , comme les années précédentes , des frais de transport, d'étalage, et de tous les autres menus frais particuliers d'entrée, de conservation et de sortie , que l'exposition de
leurs objets pourra occasionner.

Art. 15. — Dans leur propre intérêt, **MM.** les exposants devront placer et maintenir à leur étalage **une** personne de confiance, tant pour la sûreté de leurs objets que pour répondre aux observations du public.

Art. 16. — **MM.** les exposants des départements, ainsi que des pays étrangers, seront tenus d'avoir un correspondant à **Paris**, qui sera chargé de remplir toutes les obligations imposées aux exposants par le présent règlement.

Art. 17. — L'exposition commencera le 15 juin et finira le 6 juillet inclusivement : elle aura lieu tous les jours, depuis midi jusqu'à cinq heures.

MM. les exposants pourront *seuls* entrer à 9 heures du matin, sur la présentation de leur carte d'inscription.

Le public ne sera admis dans les galeries de l'exposition, à midi, que sur la présentation d'un billet, ou d'une médaille de pair, de député, de sociétés savantes, ou de celles délivrées dans les expositions nationales.

Quant à **MM.** les pairs et les députés, ils seront seuls admis à visiter la galerie d'exposition depuis dix heures jusqu'à midi.

Art. 18. — **MM.** les surveillants du palais des Tuileries seront chargés de la police intérieure de la galerie d'exposition.

Le présent règlement, ayant été rédigé pour investir le jury d'exposition de tous les pouvoirs nécessaires, a été fait et adopté par la commission supérieure dans sa séance du 16 mai 1846.

DUC DE MONTMORENCY,
Président de l'Académie.

Le général baron **Juchereau de Saint-Denys,** C ✳,
Secrétaire général.

CATALOGUE
DES PRODUITS
DES MEMBRES
DE L'ACADÉMIE DE L'INDUSTRIE
PRÉSENTÉS
Pour être exposés en 1846.

1. — COSSON, fabricant de BILLARDS, *breveté* et *fournisseur du roi*, à Paris, rue Grange-aux-Belles, 20 *bis*.

Ce fabricant, auquel notre Société a cru devoir décerner l'année dernière une médaille de platine, l'une de ses plus hautes récompenses, ne cesse de se montrer digne de ces encouragements. Il expose cette année un BILLARD en palissandre avec bandes élastiques de son invention. Ce billard, dont la forme touche au style de transition du moyen âge, est admirable de bois, et conviendrait parfaitement avec les meubles Renaissance, auxquels on a rendu depuis quelques années l'entrée dans nos plus beaux appartements. Pour les joueurs et amateurs qui veulent autre chose qu'un simple meuble propre à garnir convenablement une vaste salle d'un palais ou d'une grande habitation, ils trouveront dans ce nouveau billard un instrument d'une véritable précision, et tel qu'ils ont le droit de l'exiger.

Ce billard doit cette précision à sa table en bois de fil à traverses invisibles, laquelle permet aux billes de rouler bien plus librement qu'elles ne peuvent le faire sur les panneaux à traverses et montants, et cela sans perdre de cette élasticité si indispensable pour une foule de coups.

De plus ce billard, ainsi que tous ceux qui sortent actuellement des ateliers de Mme Cosson, est garni de *bandes élastiques à spirales métalliques* de son invention.

Ces bandes, qui, dans l'origine, répondaient avec une trop grande vivacité, ont été perfectionnées de manière à ne plus offrir cet inconvénient. Cependant elles permettent encore aux joueurs de faire monter et descendre leur bille sans grand effort jusqu'à six fois la longueur du billard. Aussi l'on peut dire que ces nouvelles bandes conviennent actuellement à tous les joueurs : car, tout en rendant aux joueurs ordinaires, la pratique|moins pénible, puisqu'elles les exemptent de ces coups de force qui viennent si souvent déranger le bras et la main, elles fournissent en outre aux célébrités de notre époque la possibilité de développer leur talent avec une aisance nouvelle qui rendra bien plus brillante encore leur adresse habituelle.

2. — CHRISTIAEN, *chirurgien-dentiste*, ayant reçu des diplômes de plusieurs Facultés de médecine, et de la royale Université de Turin en 1839; résidant actuellement à Paris, rue de Lafayette, 2.

Présente et expose un *mécanisme dentaire* de son invention, et confectionné par lui-même; il représente *la perle de Paris*, ainsi nommée par plusieurs savants. Il expose encore plusieurs râteliers également confectionnés par lui; ils sont, suivant lui, ce qui a paru de plus parfait dans ce genre jusqu'à ce jour; il a su réunir à la perfection une grande solidité; et, à l'aide de deux *ressorts* qu'il nomme *à sauterelle*, de son invention, il est arrivé à permettre à ces râteliers de fonctionner sans gêner la bouche, et avec la même facilité que les râteliers naturels les mieux favorisés par la nature.

Ces RESSORTS A SAUTERELLES, pour ainsi dire encore inconnus à Paris, sont appelés, d'après les heureux résultats qu'ils ont déjà produits, au plus brillant succès.

Ce praticien obtient chaque jour des cures merveilleuses, et il arrive particulièrement, à l'aide de plusieurs instruments qu'il a perfectionnés, surtout du bec de corbin, le plus dangereux de tous, à obtenir avec une dextérité presque sans égale l'extraction même des racines les plus couvertes par les gencives. Ses travaux et son adresse lui ont mérité l'approbation des personnages les plus haut placés.

3. — MAILLIER, tailleur, breveté pour l'invention de l'ACRIBOMÈTRE, instrument de précision propre à obtenir d'une manière exacte la cambrure et le développement du buste, rue de Richelieu, 23, à Paris.

4. — PELLETIER, mécanicien à Paris, place du Vieux-Marché-Saint-Martin, 7.

Fabrique et expose des timbres d'appartements et de portes cochères dont le son est plus vif et plus agréable que celui des sonnettes ordinaires.

5. — NOEL fils aîné, fabricant de BILLES DE BILLARDS et de PEIGNES, à Paris, rue de Lancry, 33.

Fabrique de billes de billards d'une rondeur parfaite, et tournées à la mécanique. Peignes d'ivoire à dents évidées et arrondies d'une qualité supérieure aux peignes anglais ; peignes ancien procédé ; feuilles à peindre, et manches de couteaux ; le tout fait par des procédés mécaniques de son invention.

Grande Médaille d'argent de l'Académie de l'industrie en 1845, et médaille de bronze à l'exposition nationale de 1844, les seules obtenues dans cette branche d'industrie à cette exposition.

6. — GIRARD (Mme), sage-femme et fabricant les CEINTURES HYPOGASTRIQUES *nouvelles*, à Paris, rue Saint-Lazare, 3.

Cette ceinture hypogastrique nouvelle est destinée aux femmes affectées d'abaissement de l'utérus, d'antéversion, ou de hernies de la ligne blanche.—Fabriquée tout entière en caoutchouc, cette ceinture ne laisse rien à désirer sous le rapport de la solidité et de sa souplesse à prendre la forme de la partie sur laquelle on l'applique. Elle ne porte ni pièce d'acier ni lacets ; elle se boucle au moyen de deux pattes qui se croisent en devant au dessus des pubis. Les dames peuvent se l'appliquer sans aide. Elle n'a aucun des inconvénients des autres ceintures fabriquées jusqu'à ce jour. Ses prix, également bien plus modérés, sont de 25 et 30 fr. pour les ceintures simples ; 40, 45 et 50 fr. pour celles avec pelote à air et vis de pression.

On trouve aussi chez Mme Girard, pour les enfants nouveau-nés et affectés de hernies ombilicales, des bandages remplaçant les bandes de toile si incommodes, et qui n'atteignent jamais le but qu'on se propose. On y trouve également des promenètes fabriquées de même tissu que ces ceintures.

7. — DIEUDONNÉ, ferblantier breveté, à Paris, rue de Bondy, 2.

Expose et fabrique un nouveau système de SIÉGES INODORES

PORTATIFS, joignant à de belles formes tous les avantages que l'on peut désirer, ainsi que des **ARMURES EN ZINC** imitant l'acier, et des **OBJETS DE TRANSFORMATION** mécanique pour théâtres.

8. — VERRONNAIS, imprimeur - libraire à Metz, rue des Jardins, 14.

Expose divers annuaires et autres livres sortis de ses presses, et imprimés au moyen d'un nouveau châssis de son invention.

9. — DAUSSE, pharmacien-chimiste, fabricant et inventeur des CAFETIÈRES DAUSSE et d'un *nouveau* BRULE-CAFÉ, à Paris, rue de Lancry, 10.

Expose des **CAFETIÈRES** et **BRULE-CAFÉ** de Dausse. Dans ces cafetières le café se fait sur table, à l'eau bouillante ou froide, alors chauffée à l'esprit-de-vin. Il est très clair, fort ou faible. On peut, avec cette cafetière, en préparer une ou plusieurs tasses à volonté, et avec économie de 35 p. 100 sur le café, en l'employant moulu très fin.

Plus de 1,0)0 limonadiers les ont adoptées en grand, et 5,000 particuliers s'en servent en petit.

Le brûloir (dit *Ponde-Torréfacteur*) a la propriété d'indiquer exactement le moment où chaque espèce de café est torréfiée à point.

10. — MERCIER, *ébéniste* de S. M. la reine douairière d'Espagne, breveté sans garantie du gouvernement, à Paris, rue du Faubourg-Saint-Antoine, 110.

Expose un **FAUTEUIL-LIT** avec tabouret. Ce fauteuil, aussi élégant qu'on peut le désirer quand il est fermé, contient dans le siége un petit matelas, un traversin et un oreiller avec draps et couvertures, qu'il n'y a plus à placer sur le petit lit quand on abaisse le dossier du fauteuil.

Ce *fauteuil* qu'il expose cette année a le nouvel avantage de permettre au dossier de se baisser à volonté lorsque la personne est assise.

M. Mercier fabrique également toutes les autres sortes de meubles.

11. D. FÈVRE, à Paris, rue Saint-Honoré, 398 (400 *moins* 2).

Fabrique à 5 *centimes pour une bouteille* LA POUDRE DE FÈ-VRE, seule garantie par son admission à l'exposition nationale, et par un certificat des médecins célèbres qui en font un usage habituel pour fabriquer à l'instant : *Eau de Seltz*, — *limonades gazeuses*, — *vin de Champagne*, etc. Pour 20 bouteilles il faut 1 franc de poudre, et quand elles doivent être très fortes il en faut pour 1 fr. 50 cent.

Il vend aussi, à raison de 75 centimes, le *fixe-bouchon* pour éviter de ficeler les bouteilles, et au prix de 5 francs le *seltzogène tout en cristal*, ou le plus facile et le plus économique de tous les appareils propres à préparer l'eau de Seltz.

Poudre préparée pour cent bouteilles 5 francs.

12. — GOEBEL et MARTIN, brevetés, sans garantie du gouvernement, pour les CAVES A LIQUEURS formant table et plateau, à Paris, rue Michel-le-Comte, 30.

Fabrique de nécessaires de toilette pour dame et pour homme, boîtes à ouvrages, à gants, à thé, à cigares, à cachemires, papeteries, pupitres, corbeilles de mariage, tables à ouvrage, objets de fantaisie, d'art et de goût.

Caves à liqueurs formant plateau, et petits meubles avec porte-liqueurs. Ce petit meuble, de forme gracieuse, et par la commodité qu'il joint à la simplicité, est devenu indispensable, et justifie les médailles de bronze et d'argent qu'il a reçues en 1843 et 1844.

13. — ÉTARD, layetier-emballeur, fabricant breveté pour les *boîtes Etard perfectionnées*, à Paris, rue du Petit-Reposoir, 6, près la place des Victoires.

Les BOITES ETARD PERFECTIONNÉES qui sont exposées cette année à l'Orangerie, tout en n'étant pas d'un prix plus élevé que celui des anciennes, ont l'avantage de répondre à toutes les exigences d'un bon emballage ; elles remplacent, pour les dames qui vont en voyage, l'emballeur, qu'elles ne trouvent pas toujours fort habile en province, et permettent à la main la moins exercée de faire sur-le-champ un emballage parfait. Depuis quelque temps il s'est mis aussi à fabriquer un nouveau genre de souricière dont on est généralement très satisfait.

14. — FERON, fabricant de *rampes*, à Paris, rue de Clichy, 29.

Expose des modèles de rampes pour lesquels l'Académie de l'industrie et la société d'encouragement lui ont décerné des médailles d'argent, ainsi que beaucoup d'autres modèles plus riches et très variés. Il est arrivé, comme l'ont dit les deux rapporteurs de ces sociétés, à se faire remarquer par l'élégance des formes qu'il donne à ses rampes et par la solidité de leurs assemblages.

15. CALARD, fabricant de FEUILLES MÉTALLIQUES PERCÉES en tôle ou zinc pour *cribles* et autres objets, à Paris, rue Notre-Dame-des-Champs, 46 et 48.

16. — NOUALHIER, POTERIES GALVANISÉES, à Paris, passage des Panoramas, galerie des Variétés, 5.

Expose des vases en porcelaine, en faïence ou en verre, couverts à l'extérieur d'un enduit métallique au moyen de procédés *galvano-plastiques*. Cet enduit métallique, ordinairement en cuivre rouge, a pour effet principal de soustraire le vase aux chances d'une rupture qu'on lui fait courir en l'exposant brusquement à l'action du feu. Sous ce rapport, ce procédé peut être utile aux vases employés dans l'économie domestique et à la conservation d'un grand nombre d'appareils de chimie, aux vases destinés à la distillation des acides et à celle de l'acide sulfurique en particulier, puisqu'il fournit des vases dont l'intérieur est inaltérable par les acides concentrés, tandis que l'extérieur reste à l'abri des coups de feu.

17. — PENANT-GODARD, fabricant de *Cafetières françaises* et du *Café aromatherme*, à Paris, rue de l'Arbre-Sec, 60, près la rue S.-Honoré.

18. — MONTAL, facteur de PIANOS, à Paris, rue Dauphine, 36.

M. Montal s'est livré à la construction et à l'amélioration de tous les genres de pianos ; mais, le piano droit étant celui dont l'usage est devenu le plus général, il a depuis quelques années concentré tous ses efforts sur cette espèce d'instruments. Ses travaux ont été couronnés d'un plein succès, et la confiance que le public accorde à ses produits prouve que les nombreux résultats qu'il a obtenus ont été justement appréciés.

M. Montal s'est appliqué à perfectionner toutes les parties du piano : *la caisse, les sommiers et les barrages en fer, la table d'harmonie, le chevalet, le sillet, les cordes, la mécanique, les marteaux, les étouffoirs et le clavier.* Il s'est efforcé de renfermer tous les perfectionnements dans un petit espace, et il a enrichi les pianos des formes les plus gracieuses et les plus élégantes. Il en fabrique néanmoins de différentes grandeurs, et ses pianos droits grand modèle sont, de l'aveu de tous les artistes qui les ont essayés, supérieurs aux pianos à queue les plus forts.

Un des principaux défauts des pianos qui ont été faits jusqu'ici est l'inégalité de son dans les différentes parties ; M. Montal y a remédié de la manière la plus satisfaisante en mettant deux cordes dans la basse, trois dans le medium, et quatre dans les dessus. Ce procédé simple et naturel donne à ses instruments une puissance et une égalité de son remarquables ; il empêche la rupture des cordes, assure la durée de l'accord et protége la garniture des marteaux.

De nouveaux étouffoirs adaptés aux pianos droits font cesser le son complètement lorsqu'on laisse relever la touche, et procurent aux marteaux plus de précision et de sûreté, en permettant d'en raccourcir la tête.

M. Montal a inventé un nouveau système de transposition pour lequel il est breveté (sans garantie du gouvernement). A l'aide de ce système, qui contribue à augmenter la durée de l'instrument, on peut facilement le baisser ou le hausser de un, deux, trois, quatre, cinq, six, ou même d'un plus grand nombre de demi-tons.

L'exposition des produits de l'industrie nationale a déjà donné à M. Montal l'occasion de faire connaître quelques-uns de ses travaux ; le jury a reconnu la supériorité de ses pianos, et la médaille qui lui a été décernée n'est que la confirmation de cette décision flatteuse.

19. — CHRÉTIN, sculpteur, fabricant de MOSAÏQUES *en pierres portatives*, à Paris, rue Neuve-Saint-Denis, 9.

Il expose des mosaïques en pierres et pâtes dures semblables à celles de l'antiquité ; seulement, au lieu de les faire en place, ce qui demande beaucoup de temps et coûte un grand prix . il les fabrique dans ses ateliers, puis les porte et les met en place à volonté et en peu de temps ; ce qui lui permet de les livrer, quoique aussi bien faites, à 500 fr. au lieu de 3 à 5,000 fr. le mètre, prix auquel une belle mosaïque faite sur place revient aujourd'hui.

M. Chrétin fait aussi la sculpture de bâtiment ou artistique, et entreprend les peintures de décors.

20. —LELOUTRE, serrurier-mécanicien, successeur de Bécasse, fabricant de *coffres-forts* et de *serrures de sûreté*, rue du Caire, 10, à Paris.

21. — MARTIN, fabricant d'*armes à feu* et d'*armes blanches* de tous genres, à Paris, rue Phelippeaux, 36.

Fabrique et expose des armes diverses, et particulièrement un système d'AMORÇOIR pour lequel il a pris un brevet d'invention sans garantie du gouvernement.

Ce nouvel amorçoir, adhérant et applicable à toute arme de chasse ou de guerre à percussion, permet à cette arme de s'amorcer seule pour tirer *cent* coups, sans reprendre des capsules avec les doigts, car en armant elles viennent se placer d'elles-mêmes sur la cheminée.

Les derniers perfectionnements apportés par M. Martin à ce nouvel amorçoir ne laissent plus rien à désirer, et lui ont mérité l'approbation unanime des amateurs de chasse qui en font usage.

M. Martin fabrique également des armes blanches et ceinturons en tout genre, et il possède les *nouveaux modèles de sabres* pour Messieurs les officiers de l'armée et de la garde nationale, ainsi que ceux aux armes de toutes les Amériques du Sud et du Nord.

La bonne confection de ses armes et leur bonne qualité lui ont mérité la médaille de bronze à l'exposition nationale de 1844, et la faveur d'une belle clientèle.

22. — CHOUILLOUX, *calligraphe*, forme une *belle écriture* en moins de VINGT LEÇONS, à Paris, rue Montmartre, 129, maison Chambellan.

23. — HILDEBRAND, rue S.-Martin, 202.

Fabrique de CLOCHES et timbres d'une parfaite harmonie; fournisseur des églises, théâtres et orchestres.

Timbres de pendules et de table, grelots et sonnettes de toutes grandeurs.

Médailles de bronze à toutes les expositions.

24. — PREVOST (jeune), chocolatier, breveté sans garantie du gouvernement, rue Phelippeaux, 4, près le Temple, à Paris.

Le chocolat qu'il fabrique et qu'il expose est pareil à celui admis à l'exposition de 1844. Il acquiert de jour en jour une renommée des plus méritées. Exempt de toute falsification, il est d'une douceur extrême, d'une légèreté parfaite, et devient pour les personnes faibles un aliment nourrissant et réparateur. L'on doit le recommander à l'amateur de bon chocolat.

Santé fin, 1 fr. 50 c. le 1|2 kilo; au pur maragnan, 1 fr. 75 c.; pur maragnan et caraque, 2 fr.; pur caraque, 2 fr. 50 c.; pur excellence, 3 fr.: à la vanille, 50 c. en plus par demi-kilo, quelle que soit la qualité; au pur caraque sans sucre, 3 fr.; au salep, 3 fr. 50 c.; rafraîchissant au lait d'amandes, 4 fr.

Supérieur en qualité à tous ceux qui se vendent journellement à un prix plus élevé.

25. — FAURE, *ébéniste*, fabricant de fauteuils et *autres meubles*, à Paris, rue du Faubourg-Saint-Denis, 14, 2e cour, f. 6 et 19.

Se livre à la fabrication toute spéciale des fauteuils, et fait tous les autres meubles, genre gothique, renaissance, rocaille et moderne. On trouve chez lui un assortiment complet de fauteuils en bois doré, style Louis XV, avec ornements en cuivre ciselé et doré, ainsi que des fauteuils et chaises en bois divers pour chambre à coucher, cabinets et salles à manger.

Il expose un bois de lit, avec armoire et fauteuils.

26. — KLEIN, ébéniste, breveté d'invention, sans garantie du gouvernement, pour ses *lits à rallonges*, Paris, rue du Faubourg-Saint-Antoine, 110, et rue Traversière-Saint-Antoine, 70.

Les récompenses qu'il a reçues de l'Académie de l'industrie attestent mieux que toutes les protestations la supériorité des meubles de sa fabrique, à laquelle sont joints d'immenses magasins qui offrent l'assortiment le plus choisi de toute espèce de meubles.

L'on remarque aussi dans ces mêmes magasins quelques objets curieux, tels que la table de $4^m,50$ de long sur $2^m,50$ de large d'une seule pièce, en acajou massif (dite l'acajou sans pareil), les lits à rallonges qui se raccourcissent par un mécanisme simple et facile, et l'ingénieux marche-pied indispensable dont il est l'inventeur.

La grande quantité de meubles qui se fabriquent journellement dans ses ateliers permet à ce fabricant de vendre ses meubles à des prix très modérés ; quoique ne le cédant en rien pour la qualité à des meubles qu'on trouverait ailleurs à des prix beaucoup plus élevés. Aussi l'on est toujours certain de trouver dans ses vastes magasins, et en grand choix, des meubles de toutes les formes, tant pour Paris que pour les départements et l'étranger.

27. — DELARIVIÈRE frères, entrepreneurs de *plomberie* et de *zinc*, fabricant de GARDE-ROBES *à effet d'eau évitant les fuites*, à Paris, rue Gaillon, 14.

Exposent de nouveaux systèmes de garde-robes inodores qu'ils viennent d'inventer, et qu'ils ont fait breveter pour quinze ans, sans garantie du gouvernement. Ces appareils ont un grand avantage sur tous les autres systèmes : c'est celui d'éviter toutes espèces de fuites qui ordinairement emplissent les fosses en peu de temps, et souvent endommagent les plafonds. Ces garde-robes peuvent être placées dans les cabinets les plus petits ; leur mécanisme étant placé extérieurement, il ne peut nullement nuire aux abattants des siéges. Ces appareils ont donc pour eux les avantages de leur simplicité et la modération de leurs prix. Pour voir fonctionner les appareils, s'adresser chez les frères Delarivière, seule maison où l'on vend des gardes-robes à effet d'eau évitant les fuites.

28. — FENESTRE et GUITTON, fabricants de CIRAGE, à Paris, rue des Vieux-Augustins, 2.

Fabriquent et exposent du CIRAGE et d'*excellent* VERNIS pour *chaussures*, ainsi que du CIRAGE SANS ACIDE pour *harnais* ; produits qui ont obtenu une mention honorable à l'exposition nationale de 1839.

29. — QUENTIN-DURAND fils, fabricant d'INSTRUMENTS D'AGRICULTURE, à Paris, rue du Faubourg-Saint-Denis, 189, près la barrière.

Expose divers instruments d'agriculture et d'horticulture, ainsi que le *cultivateur Puchet*, nouvelle sorte de charrue pour laquelle son inventeur a pris un brevet d'invention.

50. — CREMER, fabricant d'*incrustations* et de MOSAÏQUES EN BOIS, à Paris, rue de l'Entrepôt, 29, et rue Grange-aux-Belles, 8.

Expose divers tableaux en mosaïques en bois, savoir :
Tableau d'après Zurbaran, conforme à celui qui est au Musée espagnol, représentant un *moine en contemplation*.
Petit tableau représentant une *famille bretonne*.
Sujet idéal offrant une *musicienne*.
Plus un *tournoi*.
Ce fabricant, qui se livre depuis quelque temps avec un talent tout particulier à l'imitation des tableaux, fait des tableaux qui l'emportent de beaucoup par leur vigueur et la finesse de leurs

demi-teintes sur les produits laissés par les habiles marqueteurs des anciens temps.

51.—MARCELIN, fabricant de PARQUETS et de UBLES MOSAÏQUES, petite rue de Reuilly, 3, près rue de Charenton.

Expose une série de nouveaux modèles de *parquets mosaïques* en grandeur naturelle et réduits au dixième, qui constatent les soins apportés par ce fabricant au perfectionnement de ses produits.

Le procédé particulier de M. Marcellin lui permet d'établir des parquets mosaïques depuis le prix de 20 francs le mètre carré et même au-dessous avec des combinaisons plus simples.

52. — BAVOUX, lampiste, à Paris, rue du Marché-Saint-Honoré, 5.

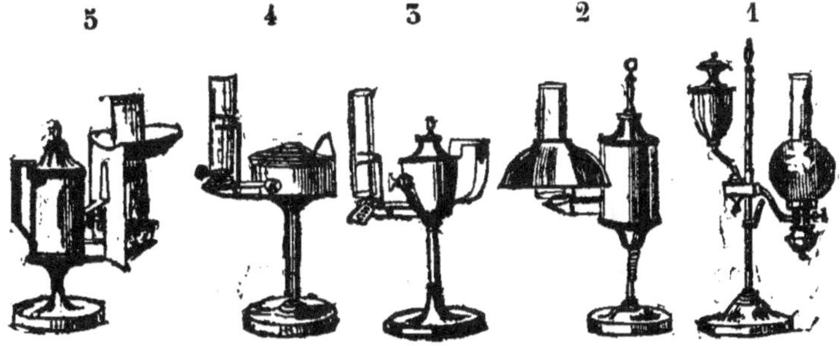

Fabrique de *nouvelles* LAMPES A TRINGLES *sans bouteilles et avec réservoir pivotant et à ressort de pression* Nº 1, pour laquelle il a été breveté sans garantie du gouvernement. Il fabrique aussi les lampes syphoïdes, Nᵒˢ 2, 3, 4 et 5, dont il est pareillement l'inventeur.

55. — RIMLIN, ébéniste, rue Neuve-Saint-Laurent, 16, à Paris.

Se livre particulièrement à la fabrication des meubles de luxe et à celle des petits meubles pour dames, dont il expose plusieurs échantillons, qui suffiront pour faire apprécier le mérite et l'habileté de l'ouvrier.

34. — DELARUELLE - LEDANSEUR, fabricant de pastels, crayons et couleurs, à Paris, rue Dupetit-Thouars, 21, dans la cité Boufflers, enclos du Temple.

Ayant obtenu une médaille d'honneur à l'exposition nationale de 1844, d'argent à l'Athénée des arts pour des crayons de couleur à dessin, et de l'Académie de l'industrie pour le perfectionnement de ses pastels.

Ce fabricant fait toutes sortes de crayons à dessin, et particulièrement les crayons en noir d'Etna pour l'huile, la gouache et l'estompe, d'excellents crayons de couleur à retoucher, des tablettes de couleurs fines, des pastels demi-durs, et surtout des pastels fins pouvant parfaitement bien se tailler.

35. — PIGEAULT, fabricant de *cirage*, rue des Vieux-Augustins, 53, à Paris.

Fabrique : 1º du cirage pour chaussures; 2º du cirage sans acide pour harnais; 3º du cirage vernis également sans acide.

Ce cirage est fabriqué à l'huile et à l'esprit-de-vin, et convient parfaitement aux chaussures : car, tout en leur donnant un brillant incomparable, il ne les altère jamais, et se prête à merveille leur conservation.

36. — KLEINJASPER, facteur de pianos, rue Saint-Honoré, 250, en face celle de l'Échelle, l'entrée par la rue des Frondeurs, 1, à Paris.

Ce facteur, qui s'est appliqué surtout à la fabrication des pianos droits, expose un spécimen de ce genre de pianos dont on peut apprécier la bonne qualité.

37. — DURAND *fils aîné*, MÉCANICIEN-PLOMBIER, breveté, sans garantie du gouvernement, et honoré de diverses médailles d'argent, à Paris, rue Saint-Nicolas-d'Antin, 29.

Expose des tuyaux de nouvelle invention en fonte à jonctions inodores pour les descentes des garde-robes jusque dans les fosses.

Les tuyaux en fonte ordinaire laissent passer le gaz méphitique des fosses :

1º Par les parois de la fonte, car on pose ces tuyaux sans les essayer;

2º Par leurs jonctions *surtout*.

Les tuyaux en fonte Durand ont le double avantage :

1º De ne pas laisser passer l'odeur par les parois de la fonte, vu que tous les tuyaux sont essayés à une pression de trois atmosphères;

2º Ils ne peuvent la laisser passer par leurs jonctions, car le

système à double emboîture est aussi simple qu'efficace; ce système de jonctions de tuyaux s'adapte également aux pipes en
plomb raccordant les garde-robes avec les embranchements; les
cuvettes en fonte qui recouvrent les appareils de garderobes portent également une double emboîture. Ce nouveau système de
jonction évite donc tous les scellements, dont le meilleur ouvrier
ne peut répo ndre, et qui laissaient passer le gaz méphitique, qui
se répandait alors dans l'épaisseur du plancher, et de là dans
l'intérieur des appartements. M. Durand, en préservant nos habi-
tations de ce terrible fléau, si nuisible à la santé des personnes et
surtout à celle des enfants, a résolu un problème d'hygiène.

Les architectes du gouvernement et les principaux architectes
de Paris ont tous adopté le nouveau système de tuyaux et gar-
de-robes-Durand.

Il tient et pose en outre des tôles plombées pour couvertures,
chéneaux et tuyaux de conduite provenant des usines de Viller-
sexel (Haute-Saône), appartenant à M. le marquis de Grammont.

38: — MASSUE, FONDEUR-FONTAINIER, à Paris, rue de Cléry, 72.

Expose des robinets à soupape d'un nouveau modèle ;
Une garde-robe à pompe ;
Une garde-robe à effet d'eau avec robinet séparé ;
Et une cuvette à bascule pour les eaux ménagères ;
Plus un siége en fonte à bascule pour lieux communs.

39. — SINOT, fabricant du *Café concentré*, à Paris, rue Saint-Honoré, 202, près la place du Palais-Royal.

Le café exposé par M. Sinot a été brûlé de manière à ne rien
lui laisser perdre de son arome par l'évaporation; ainsi il se recommande aux gourmets par sa force et par son parfum.

40. — PRÉVEL, teinturier-dégraisseur, seule spécialité pour chapeaux et capotes pour dames, à Paris, 41, rue Neuve-des-Petits-Champs, près celle Sainte-Anne.

M. Prével offre une économie réelle aux dames en employant la
vapeur pour teindre et nettoyer avec une perfection sans égale
les chapeaux et capotes en velours, crêpe, pluche, soie ou
paille, etc. Il les rend remontés aux formes les plus nouvelles.

Il est en outre inventeur de la GELÉE D'AMANDE pour nettoyer soi-même les gants sans les graisser, ce qui leur garantit
une plus longue durée.

41. — FARGE, fabricant de parapluies, ombrelles, cannes et cravaches, breveté et fournisseur de la maison du Roi et de S. A. R. Monseigneur le prince de Joinville, à Paris, *au Jonc phénomène*, passage des Panoramas, galerie Feydeau, 6.

Expose et fabrique des **PARAPLUIES DE VOYAGE** de son invention : ils ne laissent rien à désirer par leur élégance et leur commodité, sont très solides et peuvent entrer dans une malle de poste.

L'utilité des parapluies et **OMBRELLES DE VOYAGE**, et les **OMBRELLES SYPHOIDES**, ont valu à la maison Farge une médaille d'argent qui lui a été décernée par l'Académie de l'industrie et une mention honorable à l'exposition de 1844.

On trouve dans son magasin un grand choix de tous ces objets, ainsi que la **CANNE PARAPLUIE FARGE** déjà bien connue, et des bois de cerf et de chevreuil montés et non montés, à des prix très modérés.

42. — HANDUS, chapelier, fabricant de chapeaux mécaniques plus solides que les anciens, à Paris, rue de Richelieu, 34, dans le passage Hulot.

43. — MOISSON, fabricant du **BLANCHI-MAINS**, à Paris, rue de la Vieille-Monnaie, 21.

Inventeur de la **SAVONNIÈRE MOISSON** ou liquide pour dégraisser à l'instant toutes les étoffes, liquide dont il vend des flacons de 40 et de 75 centimes, il a imaginé dernièrement le **BLANCHI-MAINS** ou poudre pour nettoyer et adoucir les mains, la figure et le corps, et dont les boîtes sont de 20 centimes.

Il en a mis des dépôts chez la plupart des épiciers de Paris.

44. — DURAND, fabricant du *chocolat au baume du Pérou*, à Paris, rue Mauconseil, 12, *aux Péruviens*.

45. — VOLKERT, successeur de M. *Dutzschold*, découpeur, à Paris, rue Saint-Nicolas-Saint-Antoine, 24.

Fabrique tous les genres de marqueterie, et spécialement la

marqueterie de couleurs, telle que GUIRLANDES et BOUQUETS DE FLEURS, PAYSAGES, etc.

Un nouveau procédé infaillible et peu dispendieux qu'il vient de découvrir pour la teinture de ces bois le met à même de fournir ces produits à très bon marché, et d'une solidité que jusqu'à ce jour on n'avait pu garantir.

46. — REGNARD, fabricant de *meules de moulins*, à La Ferté-sous-Jouarre (Seine-et-Marne); et à Paris, rue de Viarmes, 18.

Fabrique et expose des meules de moulins en pierre de La Ferté-sous-Jouarre, dont une est garnie d'un ventilateur Vannier..

47. — COQUERIAUX, fabricant de fourneaux, à Paris, rue Saint-Germain-l'Auxerrois, n. 27.

Ses fourneaux à usage de *restaurateurs, limonadiers, charcutiers, maisons bourgeoises*, et pour le chauffage des fers des blanchisseurs, chapeliers, tailleurs, dégraisseurs.

48. — MASSIQUOT, mécanicien, fabricant, breveté sans garantie du gouvernement, de COUPE-PAPIER, rue Saint-Julien-le-Pauvre, nᵒˢ 10 et 12, à Paris.

Ce coupe-papier mécanique est indispensable dans les maisons de papeterie, reliure, imprimerie en taille-douce, lithographie, typographie, fabrique de fleurs, de cartes, boîtes de bureau et autres de fantaisie, et à toutes les branches d'industrie qui ont des divisions de papiers, cartons, et même de toiles, à opérer; cette mécanique en améliore avec une grande économie les travaux.

49. — PETIT (Adrien), rue de la Cité, 19, au coin de celle Constantine.

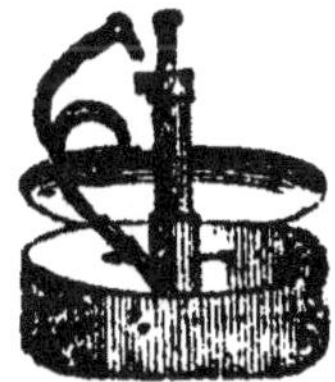

Inventeur des *clyso-pompes* perfectionnés et à jet continu; *clyshelico* ou nouveau clyso-pompe fonctionnant d'une seule main. Fabrique aussi les pompes de jardin à jet continu. Expédition aux Colonies et à l'étranger.

50. — FLAMET jeune, fabricant de bretelles du roi, BAS ÉLASTIQUES *pour varices*, 87, rue Saint-Martin, au coin de celle de Rambuteau.

Seul inventeur et fabricant des *bas élastiques* en caoutchouc, sans couture, ni œillet, ni lacet, pour combattre l'engorgement et les varices des membres inférieurs. Cette industrie a été fondée par Flamet jeune en 1836, et est la seule qui soit brevetée d'invention et de perfectionnement (sans garantie du gouvernement), et qui ait obtenu une médaille à l'exposition nationale de 1844.

Ses bas sont généralement ordonnés par nos plus célèbres médecins et chirurgiens.

Fabrique de bretelles sans coutures qui ont obtenu les médailles aux expositions nationales de 1834 et 1839, à celle d'Alençon de 1842, et de l'Académie de l'industrie en 1836, 1837 et 1840.

51. — HÉNOC, fabricant de *plumeaux*, à Paris, rue Saint-Denis, 214.

Fabrique des PLUMEAUX ÉCONOMIQUES *brevetés* sans garantie du gouvernement, mais garantis par l'inventeur pour la solidité et l'économie de 50 p. 100 ; il fait aussi la fantaisie et les écrans en plumes de paon, et l'exportation.

52. — WINTERNITZ, *ébéniste*, fabricant de MEUBLES genre de BOULE, à Paris, rue Vieille-du-Temple, 72.

Cet habile ébéniste se livre surtout à la fabrication des meubles dans le genre des vieux meubles de Boule. La grâce et la bonne exécution avec lesquelles ils sont toujours confectionnés méritent de les faire honorablement remarquer.

53. — J. VEDDER, fabricant d'ébénisterie et bronze, à Paris, rue du Pas-de-la-Mule, 1, au Marais.

Fabrique et magasins d'ameublements antiques et modernes ; meubles genre Boule en marqueterie, bois de rose et ébène ; petits meubles de fantaisie et corbeilles de mariage en tous genres.

Spécialité de meubles riches avec ornements bronze doré.

54. — LARRIVÉE, fabricant de boutons, à Paris, rue des Petits-Champs-Saint-Martin, 2.

Fabrique et expose des échantillons de **boutons en métal** *pour nouveautés* et livrées.

55. — DORÉMUS et ENFER, fabricants de SOUFFLETS DE FORGE, à Paris, rue de Malte, 32.

Exposent des soufflets circulaires de l'invention brevetée de **M. Enfer.** Ces soufflets, adoptés aujourd'hui dans une foule d'ateliers, sont recherchés à cause de leur puissance et du peu de place qu'ils occupent.

56. — BENOIST, *chirurgien-dentiste*, à Paris, rue du Dragon, 37, place de la Croix-Rouge.

Expose un cadre contenant une collection de différentes pièces de dents artificielles servant à la prothèse dentaire, une collection de modèles en plâtre de bouches déviées, les appareils qui ont servi au redressement des dents, et plusieurs modèles d'obturateurs.

57. — TOURNEUR, marchand épicier, rue Richelieu, 45, en face la fontaine Molière.

café torréfié, parfum concentré.

Par un procédé nouveau, M. Tourneur a trouvé le moyen de lui conserver toute sa force et tout son parfum; il est le double plus fort des autres cafés.

Il devient, par ce procédé, moitié plus économique que les autres cafés; il suffit d'un simple essai pour se convaincre de sa supériorité.

Il a l'avantage de se conserver plusieurs années en bouteilles ou en boîte sans que sa qualité soit altérée.

Moka et Martinique.

Le prix du demi-kilo est de 2 fr. 40 cent.

58. — GARNAUD fils, fabricant de *pierres artificielles;* dépôt à Paris, rue Saint-Germain-des-Prés, 9; fabrique à Choisy-le-Roi.

Ce produit, étant une terre cuite, a la solidité et l'apparence de la pierre dure ; de plus, étant inaltérable à la gelée et aux intempéries, il peut servir avec avantage et économie à l'ornementation des édifices.

59. — CHARBONNIER, fabricant de crémones ou espagnolettes, breveté sans garantie du gouvernement, à Paris, rue des Francs-Bourgeois, 6.

Nouvelles espagnolettes dites Crémones, s'adaptant aux croisées, persiennes, portes, volets, etc.

Ce système, entièrement différent de tout ce qui a été fait jusque alors en ce genre, se recommande par la simplicité de son mécanisme, sa solidité, et la douceur de son jeu. Il est le seul qui puisse remédier d'une manière convenable au gauchissement des bois, et qui, par une heureuse et nouvelle combinaison, offre le moyen infaillible de pouvoir toujours faire fermer par le haut la croisée ou la porte la plus déjetée. Il a été adopté par MM. les architectes de l'Hôtel-de-Ville de Paris, et employé aux croisées des appartements de M. le préfet de la Seine.

60. — FLÉCHEL, chapelier à Paris, rue de Cléry, 2.

Expose divers produits sortis de ses ateliers et confectionnés dans le plus nouveau goût par ses soins.

61. — BRETON (Mme veuve), sage-femme, fabrique de biberons, bouts-de-sein, tétines, boulevart Saint-Martin, 3 *bis*, au premier, près la rue du Temple.

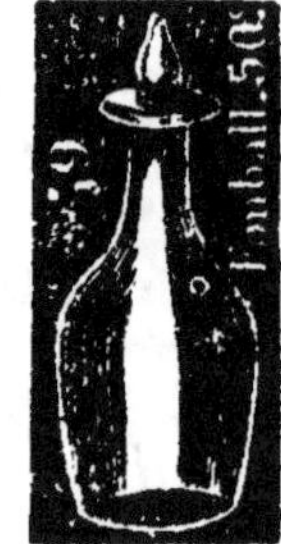

Depuis vingt ans que les biberons et bouts-de-sein, tétines, ont été inventés par Mme veuve Breton, aucune invention n'a pu rivaliser avec celle-là ni pour la commodité, ni pour la simplicité ; aussi sont-ils les seuls qui aient obtenu des médailles aux expositions de 1827, 1834, 1839 et rappel en 1844 ; plus médaille d'or, mentions honorables, etc. La seule chose qui en empêchait quelquefois l'emploi était leur prix trop élevé pour certaines personnes.

Voulant obvier à cet inconvénient, Mme veuve Breton vient de mettre en vente un très grand assortiment de biberons et bouts-de-sein, dont les prix suivent :

Un biberon à. . . . . 3 fr.	50 cent.
Un biberon à. 4	»
Un biberon renforcé à. 6	»
Un bout-de-sein à 3	»
Un bout-de-sein à 2	50
Une tétine de rechange à. 2	»

Lettre de M. le Ministre du commerce à Mme veuve Breton, sage-femme, boulevart Saint-Martin, 3 bis.

« Madame,

» L'Académie royale de médecine vient de m'adresser le rap-
» port que je lui avais demandé sur le mérite des biberons et des
» bouts-de-sein en tétine par vous soumis à son examen. L'Aca-
» démie a reconnu que les mamelons artificiels préparés par
» vous, soit qu'on les substitue au mamelon naturel, lorsqu'il
» est atteint de gerçures ou trop peu développé pour être bien
» saisi, soit qu'on les adapte au biberon comme moyen conduc-
» teur, peuvent remplir très bien leur destination ; que ces ma-
» melons, grâce à la préparation qu'ils ont subie, peuvent aisé-
» ment et pendant long-temps se conserver sans offrir la moin-
» dre apparence de corruption, et sans nuire par conséquent à
» la santé des enfants ; que cet avis est non seulement le résultat
» de l'expérience des commissaires nommés par l'Académie,
» mais aussi l'expression de témoignages de nombreux et honora-
» bles médecins.
» Je m'empresse, Madame, de vous notifier ce jugement fa-
» vorable.
» J'ai l'honneur, Madame, de vous saluer.

» Pour le Ministre, et par autorisation du Ministre du com-
» merce, le maître des requêtes, secrétaire général,

» *Signé* VITET. »

62. — FLESCHELLE, fabrique de CHAPEAUX DE PAILLE en tous genres, à Paris, rue Richelieu, 95, médaille d'or en 1845.

Ce vaste établissement réunit dans ses magasins toute la haute nouveauté en chapeaux de paille de fantaisie en tous genres.

Les généreux efforts que n'a cessé de faire le fondateur de ce établissement pour élever l'industrie française au niveau de l'industrie étrangère ont été couronnés du plus brillant succès. Honneur lui soit rendu! car, ainsi que ceux qui l'ont précédé sans autant de bonheur dans la même carrière, il a eu à soutenir une lutte formidable contre l'étranger, et même contre ses concitoyens, qui jusqu'à ce moment se trouvaient sous l'influence de ce préjugé que les enfants de la France étaient incapables de faire ce qui se fait à l'étranger depuis un temps immémorial. Aujourd'hui la fabrication des chapeaux de paille française n'est donc plus un problème; et les produits qui pourront dorénavant provenir des fabriques de tresses françaises sont assurés d'avoir un débouché dans les magasins de M. Fleschelle, qui ne cessera de contribuer par tous les moyens possibles au développement d'une œuvre à la fois philanthropique et nationale.

La Suisse fournit à la France et à l'étranger des tissus variés pour la confection des chapeaux de fantaisie. Depuis plusieurs années ces tissus sont en vogue, et l'année dernière ils ont obtenu un brillant succès. M. Fleschelle a encore compris qu'il fallait inventer un article de Paris qui pût faire concurrence à la Suisse, et en effet, après bien des recherches, il est parvenu à faire ses admirables CHAPEAUX GUIPURE de soie et guipure en paille, qui lui ont valu les suffrages des premières maisons de modes de Paris. Aujourd'hui le chapeau guipure est expédié dans toutes les capitales du monde, et a pris une place distinguée dans l'article modes de Paris.

63. — REDELIX, successeur de P. Vassera, fabricant de BOUTONS A VIS, à Paris, rue Notre-Dame-de-Nazareth, 25.

Fabrique des BOUTONS A VIS *se posant sans couture.* Ces boutons, pour lesquels il a été pris un brevet, sans garantie du gouvernement, ont reçu une mention honorable à l'exposition nationale de 1844.

Ce bouton, connu avantageusement pour son utilité, réunit encore l'élégance à la solidité. Ce système s'adapte à tous les genres de boutons pour pantalons, gilets, paletots, gants, chemises et robes.

64. — GARBAI, fabricant de PERLES, à Paris, rue Meslay, 33.

Déjà connu pour ses boutons en perles à la duchesse, il a obtenu un nouveau brevet pour des boutons en perles fausses marcassites, dont la forme et les couleurs ne laissent rien à désirer.

65. — BRIET, fabricant et inventeur breveté des GAZOGÈNES, à Paris, boulevart Bonne-Nouvelle, 40.

Avec cet appareil on fait sur table instantanément : *eau de Seltz*, *vins mousseux*, *limonades gazeuses*, etc.
Une machine avec bouchage mécanique vient d'être disposée pour mettre et conserver en bouteilles toutes espèces de liquides gazeux.

66. — GINOT, propriétaire, ancien négociant, à Paris, rue Martel, 10.

Expose un PIÉGE OMNIBUS pour toutes sortes d'animaux ainsi qu'un PORTE-PIEDS *mobile* pour se chauffer les pieds à volonté devant les cheminées.

67. — HOEFER, ébéniste, breveté de M. le duc Alexandre de Vurtemberg, à Paris, boulevart Beaumarchais, 22.

Ce fabricant, qui a de nouveau obtenu une médaille à l'exposition nationale de 1844, et dont les produits lui ont mérité tour à tour de l'Académie de l'industrie des médailles d'argent, de platine et d'or, s'est encore signalé cette année tant par le bon goût que par les améliorations qu'il a apportées dans sa fabrication.
Ses meubles en ébène ou palissandre mat et brillant, fabriqués par des moyens qui lui sont particuliers et pour lesquels il s'est fait breveter, ont obtenu la faveur du monde riche et élégant.
Il expose plusieurs grands et petits meubles en palissandre, en ébène ou en bois derose, et richement ornés, tous confectionnés sur ses propres dessins ; ils se font remarquer par l'élégance de leurs formes, le bon goût de leurs ornements, leur solidité et la modération de leurs prix.

68. — JOFFROY (Mme), propriétaire de l'*hygiène* pour la conservation des cheveux, à Paris, chez M. JURISH, rue du Rocher, 8.

Cette pommade, dont la composition est un *secret de famille*, est excellente pour la croissance et la conservation des cheveux et de la barbe ; elle a permis à cette personne de faire croître ses cheveux jusqu'à la longueur de 1 mètre 80 cent. On peut les voir tous les mardis et les samedis, de 11 à 2 heures, au dépôt de la rue du Rocher.

69. — COHALION, ARTISTE dessinateur, modeleur EN CHEVEUX, à Paris, rue Croix-des-Petits-Champs, 41.

Expose un portrait de S. M. la Reine des Français en *cheveux purs*, et différents portraits en relief, *modelés en cheveux* par un procédé qui lui est particulier.

Cette invention se recommande par la durée et la solidité des produits de son auteur, dont les ouvrages ne s'altèrent ni au soleil ni à l'humidité.

70. — SANREY, mécanicien-machiniste, fabricant de THÉÂTRES, à Paris, rue du Rocher, 8.

Inventeur breveté, sans garantie du gouvernement, M. Sanrey a imaginé un nouveau système de machines pour les changements à vue applicable à tous les genres de théâtres, soit grands, de société, ou de jouets d'enfants : un seul moteur opère un changement à vue instantanément.

Ses théâtres d'enfants sont de 25 fr. et au dessus. Mention honorable, exposition de 1844.

71. — LAHACHE (Antoine), élève en pharmacie, auteur d'un procédé de dessiccation des pommes de terre, à Auteuil, rue Boileau, 6 (Seine).

72. — SCHOEN, facteur de pianos, à Paris, rue Basse-du-Rempart, 46.

Les pianos droits que M. Schoen a exposés en 1839 ont été cités au premier rang et lui ont valu l'honorable encouragement d'une médaille, et une réputation méritée par la rondeur, l'égalité et la force des sons.

Il expose aujourd'hui un piano à queue à sept octaves complètes (du *la* au *la*), et un piano droit. Ces instruments réunissent toutes les qualités des premiers, et de nouveaux perfectionnements apportés à leur confection ne laissent rien à désirer sous le double rapport de la bonté et du fini joints à l'élégance de l'extérieur.

73.—SISCO, mécanicien, fabricant de CHAUS-
SURES HYDROFUGES, à Paris, passage Chausson , 6.

Expose de ses chaussures hydrofuges à doubles coutures, plus
le modèle en petit d'une machine à fabriquer des *chaînes sans
soudures.*

74. — BROWN, fabricant breveté de MÉLOPHO-
NES, à Paris, rue des Fossés-du-Temple, 20, près
le boulevart.

Cet instrument, qui pourrait être si utile dans les orchestres
et qui a reçu de grands perfectionnements, ne se vend plus que
de 100 à 250 fr. suivant ses dimensions.

75. — DROUARD, fabricant de couleurs et de
cirage , à Paris , rue des Vieux-Augustins , 57.

Fabrique toutes espèces de couleurs, ainsi qu'un cirage à la
brosse sans acide sulfurique, et par conséquent ne pouvant pas
brûler les chaussures. Il tient aussi un très beau vernis applicable au pinceau, également pour chaussures.

76. — TISSIER (A.), ingénieur - professeur,
DIRECTEUR de l'*Ecole des beaux-arts et arts industriels*, à Paris, rue de Lancry, 4.

On y forme des élèves ingénieurs pour les constructions de
chemins de fer, et des architectes, et on y prépare pour les éco-
les Polytechnique et autres.

77. — MARION, fabricant de PAPETERIE DE
LUXE, à Paris, rue Basse-Saint-Pierre, et *magasins de vente* cité Bergère , 14.

Fabrique et expose :
ENVELOPPES POSTALES *de sécurité et d'authenticité*, approuvées par M. le Ministre des Finances et recommandées au public
par M. le directeur des postes.
Papier glacé, satiné, parfumé, armorié, illustré, à coins ronds,
à filets perlés ; papier dentelle, feuille de rose, *Victoria*, torsade,
uni ou rehaussé d'or ou d'argent, avec enveloppes assorties. Il

faudrait un volume pour décrire tous les petits chefs-d'œuvre de grâce et de bon goût dont la mode prescrit aujourd'hui l'usage à ceux qui se piquent d'élégance en matière d'écriture, et surtout aux dames, dans la vie desquelles la correspondance tient une si grande place.

M. Marion est le créateur de ces différents genres, et à cette nomenclature fort incomplète de ses produits nous ajouterons ses délicieux papiers pour menus, pour deuil, pour baptême, pour mariage, et ses enveloppes à 1 fr. le cent.; merveille de bon marché qu'on s'expliquerait difficilement si l'on ne savait que M. Marion fabrique tous ses articles à la mécanique, par des procédés spéciaux.

La médaille obtenue par M. Marion à la dernière exposition des produits de l'industrie et ses nombreuses exportations sont une preuve incontestable de l'intelligence de ses travaux dans un art qu'il tendra, nous en sommes certains, à perfectionner chaque jour.

78. — SCHMITT, mécanicien à Valenciennes (Nord).

Expose le modèle au dixième d'une nouvelle machine de son invention pour écraser le noir animal.

79. — BRANSOULIÉ fils, à Nérac (Lot-et-Garonne).

Expose des **FARINES ÉTUVÉES** à plusieurs reprises à une chaleur qui ne dépasse pas 75 à 80 degrés centigrades et embarillées toutes chaudes dans des tonneaux; opérations qu'il exécute au moyen d'une machine fort ingénieuse de son invention.

80. — LAINÉ, fabricant de *cartons de bureau*, à Paris, rue du Maure, 6, l'entrée principale par la rue Saint-Martin, 96.

Fabrique et expose des cartons de bureau et de magasin d'une nouvelle invention, plus solides et moins chers que les anciens, ce qu'il lui est permis d'obtenir au moyen de son nouveau procédé pour couper les feuilles de carton.

Par suite de son changement de domicile et grâce à l'agrandissement de ses ateliers, il peut actuellement répondre à toutes les demandes qui lui sont adressées.

Il fabrique en outre cette année de nouveaux *calendriers perpétuels*, qui ont le plus grand succès.

81. — MOINET, fabricant d'objets en albâtre, à Paris, rue du Vert-Bois, 30, quartier S.-Martin.

Il expose un plan en relief de la ménagerie royale du Jardin des Plantes, dont la longueur, portant 396 m. 66 cent., est réduite à 3 m. 6 cent. On remarquera que les murs, cabanes et bâtiments, sont en albâtre; les treillages ainsi que les animaux sont en bois, et toutes les grilles en cuivre. Ce travail a coûté à son auteur neuf années de patience et de persévérance.

82. — DUQUESNOY, fabricant de BIBERONS *à filtre régulateur*, à Paris, rue du Faubourg-Saint-Denis, 85.

Les biberons à filtre régulateur et mobile, ne laissant aspirer que la quantité de lait dont l'enfant a besoin et honorés de médailles de bronze et d'argent, ont été admis par leur AA. RR. Mmes la duchesse de Nemours, la princesse de Joinville et la duchesse d'Aumale, pour l'allaitement de leurs enfants.

M. Duquesnoy, bandagiste-herniaire, fabrique également des corsets en tous genres.

83. — BINARD, calligraphe à Paris, rue Castex, 9, près de l'Arsenal.

Auteur d'un très grand nombre de tableaux calligraphiques, dont plusieurs lui ont valu des médailles d'honneur, M. Binard expose cette année la *Naissance d'Henri IV* exécutée à la plume, d'après le tableau de M. Deveria.

Il expose en outre, indépendamment de son propre, travail un tableau d'un de ses élèves, M. Geoffroy, de Paris, âgé de 16 ans. Ce tableau est un travail varié de dessins faits à la plume et à l'aquarelle.

84. — LEBAILLY, pâtissier, ayant perfectionné les BISCUITS DE SAVOIE, breveté de S. M. la REINE, à Paris, rue de l'Echelle, 3.

85. — GAILLET - BARONNET, fabricant de fils de laine à Sommepy (Marne).

Expose des fils de laine filés à la main avec une perfection et une finesse que les machines ne peuvent atteindre. Ces fils sont destinés à la fabrication des voiles, barèges et autres articles en laine très légers; il arrive à fournir des fils d'une telle finesse, que *huit chaines* de 125 grammes chacune, ou en tout 1 kilogramme, ont fourni 165,888 mètres de fil, c'est-à-dire que cette laine était filée au **taux** de 256 à 257 échées de Reims.

86. — SINÇAY (Saint-Paul de), fabricant de *fonte de fer malléable*, à Paris, rue Fontaine-au-Roi, 39.

Cette fonte, par sa malléabilité, est propre aux mêmes usages que le fer et le cuivre; elle se lime facilement, se ploie sous le marteau à froid et à chaud, peut être brazée, aciérée et trempée, reçoit un très beau poli et se ciselle sans difficulté. Elle s'applique avec succès à tous les objets de *serrurerie, quincaillerie, mécanique, armurerie, horlogerie, objets d'art*, etc., tels que clefs, pênes, cages de serrures, anses de cadenas, fléaux de balances, garnitures de fusils, gardes d'épées, pommes de cannes et de forets, arbres de tours, matrices d'estampes, cuillères, fourchettes, poinçons d'horlogerie, outils divers, statuettes, etc.

Il est à remarquer que tous ces objets en fonte malléable se vendent naturellement à un prix moins élevé que ceux en fer, puisqu'on n'est pas obligé d'y employer le marteau et la lime.

87. — PICAULT (Gust.), fabricant de coutellerie, à Paris, rue Dauphine, 52.

Honoré d'une grande médaille d'argent de l'Académie de l'industrie en 1844.

Inventeur des tranchants à scie.

88. — BOURG, fabricant breveté de garde-robes, à Paris, boulevart Beaumarchais, 19.

Expose un appareil départiteur, breveté de son invention. Cet appareil offre à MM. les propriétaires un avantage considérable dans ce sens qu'il sépare les matières liquides de celles solides.

D'après un compte-rendu, il a été constaté que les fosses, qui habituellement sont vidées de *deux* ans en *deux* ans, ne le seront plus que de DIX EN DIX.

Il fabrique aussi les garde-robes hydrauliques tournant des deux côtés (robinet séparé), appareils-soupape-couteau, fermeture hermétique, contenant autant d'eau qu'on désire en mettre. Ces appareils, tels qu'ils sont perfectionnés, lui ont mérité plusicurs médailles de l'Académie de l'industrie et des expositions de 1839 et 1844.

Il tient une fabrique spéciale de garde-robes en tout genre, siéges portatifs, appareils bascule, appareils en fonte montés en cuivre, cuvettes émaillées et cuvettes à eaux ménagères.

Tous les travaux de la fabrique de M. Bourg sont garantis.

89. — VERSTAEN, fabricant de COFFRES-FORTS, à Paris, rue Beaujolais, 6, au Marais.

Sa spécialité est la fabrication de COFFRES-FORTS *incombustibles et incrochetables.*

Par suite de l'agrandissement donné à ses magasins et des perfectionnements remarquables apportés par lui dans sa fabrication, il peut offrir au commerce de grands avantages sur le prix des coffres-forts passant 100 francs.

90. — SOLON, fabricant de SCULPTURES D'ÉGLISE, à Paris, rue du Faubourg-Poissonnière, 118, anciennement rue Paradis-Poissonnière.

Fabrique et expose un *Chemin de Croix*, des *statues* de Vierge, d'anges, de saints de tous ordres et de toutes grandeurs, exécutés en toutes matières.

Il a été admis et récompensé à l'exposition de 1844. Les demandes affranchies reçoivent les dessins, francs de port.

91. — DELAFORGE, fabricant de soufflets de forge, à Paris, rue de Pontoise, 12, au Marché aux veaux.

Fabrique spécialement les soufflets de forge et les forges portatives de diverses espèces et dimensions. La bonne confection de ces objets a été tellement bien reconnue, qu'elle lui a fait obtenir cinq médailles, dont deux en or.

92. — JEUNESSE, CORROYEUR, fabricant de CHAUSSURES *imperméables*, breveté pour 15 ans sans garantie du gouvernement, à Paris, rue du Faubourg-Saint-Denis, 144.

Fabrique des CHAUSSURES IMPERMÉABLES à coutures métalliques.

M. Jeunesse est inventeur breveté d'un nouveau système de

chaussure qui par sa solidité et sa durée est bien supérieur à tous les systèmes mis en usage jusqu'à ce jour.

La chaussure à points métalliques que M. Jeunesse expose encore cette année réunit tous les degrés de perfection désirables.

Un simple examen suffit pour se convaincre qu'à l'aide de cette suture la botte ou le soulier sont forcément imperméables.

Et cependant M. Jeunesse fournit ses chaussures aux mêmes prix que celles faites par les procédés habituels.

Ce point ou plutôt cette couture métallique s'applique non seulement à toutes espèces de chaussures, mais encore aux tuyaux de pompes à incendie et à divers autres objets en cuir.

Les chaussures de M. Jeunesse joignent à une solidité incontestable la grâce, l'élégance et la légèreté, si recherchées de nos jours.

Les cuirs dont se sert M. Jeunesse sont apprêtés et corroyés dans ses ateliers et sous son inspection spéciale, ce qui fait qu'il peut garantir en toute assurance la qualité de ses chaussures.

93. — HENNEQUET, coiffeur, inventeur de la *liqueur aromatique* SOTÉRIACÔME, à Paris, rue Saint-Martin, 222.

La *liqueur* SOTERIACOME procure aux cheveux plus de force et de vitalité, et, en nettoyant le cuir chevelu de toutes les petites pellicules qui souvent le recouvrent, elle lui rend son élasticité et permet aux petits cheveux que peuvent encore fournir les racines de se faire jour et d'arriver à l'état normal.

94. — LEROY et compagnie, mécanicien, fabricant d'APPAREILS HYDRAULIQUES, à Paris, rue Notre-Dame-de-Nazareth, 8, et au 15 juillet, même rue, 13; dépôt boulevart S.-Denis, 12.

Breveté sans garantie du gouvernement.

Il fabrique des siéges inodores, des toilettes et bidets hydrauliques, des lavabos à l'usage des pensionnats et de MM. les coiffeurs. Il a reçu une médaille de bronze à l'exposition nationale de 1844.

95. — GÉLIN, inventeur breveté et fabricant d'un nouveau BRULOIR *à torréfier le café*, de CALORIFÈRES, et de toutes sortes de tolerie, à Paris, rue du Temple, 76, près de la rue Phelippeaux.

96. — ZERR, cordonnier breveté, à Paris, passage Colbert, 8 et 10.

Se livre particulièrement à la fabrication des *étoffes* et des *chaussures en crin* dites SICYONIENNES.

97. — SANGUINÈDE, fabrique de CORDES HARMONIQUES *en acier trempé*, dites CORDES SANGUINÈDE, à Paris, boulevart Poissonnière, 14, et dépôt chez M. Santon, boulevart Bonne-Nouvelle, 9.

Par l'emploi de ces cordes on obtient une grande fixité dans l'accord des instruments et un timbre agréable répondant parfaitement à la voix.

Nous renvoyons au rapport du jury de l'exposition de 1844, t. 2, p. 567; on y lit ce qui suit :

M. Sanguinède a exposé des cordes en acier trempé, destinées à remplacer dans le piano les cordes d'acier non trempé, dont on se sert maintenant, et qui nous viennent presque toutes d'Angleterre.

Ces nouvelles cordes constituent une innovation qui peut avoir une grande importance, car il est prouvé que par leur moyen on obtiendra plus d'intensité dans le son et plus de fixité dans l'accord des instruments. Quant aux autres qualités non moins essentielles du son, tout ce qu'il est permis de dire en ce moment, c'est que parmi les pianos qui furent placés en première ligne aux concours qui viennent d'avoir lieu plusieurs étaient montés avec des cordes de M. Sanguinède.

Le jury décerne une médaille de bronze à cet artiste, tout en regrettant de ne pas lui accorder une récompense plus élevée ; mais son industrie est trop récente, et il faut laisser au temps à prononcer sur la valeur de son invention.

Il expose aussi le CLAVIGRADE OU EXERCE-DOIGTS de M. Lahausse, modifié au moyen de ressorts, qui offre cinq notes portatives pour l'exercice des personnes qui se livrent à l'étude du piano.

Par l'application de ressorts à boudin acier Sanguinède, on obtient une résistance sous les doigts qui est toujours égale et force les articulations à se prêter à toutes les difficultés des doigts.

On trouve au même dépôt des *parapluies* montures en *acier trempé* d'une grande légèreté d'une solidité et d'une flexibilité incontestables. Ces parapluies remplissent complétement le désir, qui a toujours été exprimé, de la solidité réelle et de la légèreté : car par l'acier Sanguinède un parapluie ne se déformera jamais, et par sa solidité il permet de se servir de branches légères et peu volumineuses.

On y voit aussi des flambeaux à ressorts à boudin en acier trempé, dit acier Sanguinède, donnant une grande économie et une grande propreté dans l'emploi de la chandelle et de la bougie.

On y trouve toujours de l'acier pour forets de toutes grosseurs, et supérieur à l'acier anglais employé pour le même usage.

98. — PAUBLANC, serrurier-mécanicien, fabricant de *coffres-forts* et de *serrures à combinaisons*, à Paris, rue Saint-Honoré, 366.

Expose un coffre-fort avec une serrure à combinaisons, exempte du danger du tact et des indications fournies par la résistance du pêne et du va-et-vient.

99. — CHAUMÉ (Ch.), ingénieur civil, rue Lombard, 28, aux Thernes (Neuilly).

Expose :

1º Le modèle au dixième de dimensions et au millième de capacité d'un appareil à privation d'air, de vapeur et de gaz, dans lequel on fait et entretient le vide au moyen de CONES de vapeur. Celle du liquide soumis à la concentration est ensuite utilisée à produire l'évaporation des jus, vesous ou sirops, coulant en couches minces sur des plans inclinés, opérant également dans le vide. Par ce mode d'opérer on n'emploie que le dixième de la quantité d'eau froide qui est indispensable dans les autres systèmes. On peut même s'en passer entièrement.

D'un autre côté l'économie de combustible est énorme, attendu qu'on évapore 40 à 50 litres d'eau par chaque kilog. de houille brûlée.

Un grand appareil de ce système s'établit en ce moment à la Guadeloupe, chez M. Nicolaï et compagnie.

2º Le modèle d'un bateau de canal marchant sans aubes, ni hélices, ni aucunes pièces, qui, agitant l'eau, abîment les berges.

3º Celui d'un haut-fourneau à réduire le minerai de fer.

Il opère avec de l'air chaud que l'on obtient sans dépense, et il est soufflé énergiquement sans machine d'aucune espèce, et par la seule action d'un CONE de vapeur, étant également obtenue pour rien.

4º Un fourneau de haute fusion travaillant par le même principe, donnant de grandes économies et d'excellents produits.

100. — VACHON père et fils, mécaniciens, inventeurs brevetés du TRIEUR MÉCANIQUE *des grains*, à Lyon, place Sathonay, et à Paris, chez M. Cartier, rue Saint-Sabin, 8 *bis*.

L'appareil exposé, et nommé par M. Vachon TRIEUR MÉCA-

NIQUE *des grains*, était désiré depuis bien long-temps ; il a été maginé dans le but de *séparer aisément des grains, les nielles, les vesces et toutes les graines* RONDES, que les meuniers, dans l'état actuel de leurs moulins les plus perfectionnés, ne peuvent entièrement isoler, et que nos paysans, quand ils veulent avoir des semences un peu propres, ne peuvent retirer, et encore fort imparfaitement, qu'avec le secours très lent et très fatigant du van à main ; d'où il résulte qu'ils ne les nettoyent pour ainsi dire pas.

Le trieur mécanique des grains exécute cette séparation des *graines rondes* avec une si grande perfection, comme on peut s'en assurer en allant le voir fonctionner tous les jours de 11 à 5 heures, chez M. Cartier, rue Saint-Sabin, n. 8 *bis*, que M. Darblay, l'un des plus habiles meuniers de notre époque, n'a pas balancé à en faire construire *deux* pour lui-même. Il a compris, ainsi que tout meunier le comprendra, que sans pouvoir remplacer les emotteurs, les ventilateurs et les cylindres, le *trieur* est appelé à devenir forcément dans les moulins le complément des appareils actuels de nettoyage.

Cette machine, quand elle est d'un plus petit modèle que celui pour les moulins, et quand elle est pareille à celle exposée, peut surtout servir avec un grand avantage dans toutes nos campagnes et chez tous nos paysans pour obtenir aisément et promptement jusqu'à 6 hectolitres par jour de grains bien nettoyés, et par conséquent des semences parfaitement *purgées de graines rondes* et même *de rougeole ;* ce qui souvent pourra donner à leurs grains ainsi nettoyés, sur le carreau des halles, une valeur de *deux* francs au dessus de celle des autres grains.

Le prix de cet appareil est très modéré, car ceux de 100 à 200 fr. débitent assez pour le service d'une ferme importante. Quant au prix des trieurs pour moulins, il varie suivant leur grandeur et le débit qu'ils doivent produire.

101. — DESBORDES, fabricant breveté d'*instruments de mathématiques et de physique*, à Paris, rue Saint-Pierre-Popincourt, 20, en face du boulevart, près la rue Ménilmontant.

Il est seul à pouvoir fabriquer et il expose tout spécialement L'ALCOOMÈTRE VIDAL OU ÉBULIOSCOPE, instrument essentiellement convenable pour apprécier et reconnaître la richesse spiritueuse des vins, des eaux-de-vie, des vernis, et de tous les liquides plus ou moins alcooliques.

Il expose en outre les instruments qui suivent : *Niveau-cercle* à lunette et à vis calante. — *Machines pneumatiques* à double épuisement. — *Cathétomètre* nouveau de Silbermann. — *Petit sextant* nouvellement établi pour mesurer les angles étant à cheval, et à l'usage spécial des officiers d'état-major. — *Compas a verge* pouvant recevoir des règles de toutes les longueurs. — *Compas à trois branches* et *compas à demi-cercle* pour l'un et l'autre tracer les ellipses. — *Boîtes de mathématiques* de tous les prix. — *Nouvelle petite machine à comprimer* l'air et les gaz. — *Modèles réduits* de machines diverses.

Un *niveau indicateur* ou *niveau de sûreté* pour placer sur les chaudières à vapeur marchant à haute et basse pression, et construit de manière que le gardien peut arrêter immédiatement toute communication de l'eau ou vapeur de l'intérieur avec l'extérieur dans le cas où le tube viendrait à se fendre;

Des *manomètres à air libre* et *à air comprimé* d'une précision parfaite et offrant dans leur application toute sûreté;

Des *flotteurs à sifflet d'alarme*, pour machines à vapeur.

102. — LABRUGUIÈRE, coiffeur-parfumeur. fabrique en gros des PERRUQUES et TOUPETS, ru Saint-Martin, 149. au premier.

103. — COTEL, EMBALLAGES *d'objets fragiles*, spécialité pour *tableaux, glaces, statues, statuettes* et *objets d'art*, à Paris, maison et ateliers place du Louvre. 8, emballage par le système ordinaire pour les expéditions d'outre-mer, rue Aubry-le-Boucher, 23, établissement fondé en 1741 par l'aïeul du propriétaire actuel.

L'accueil que MM. les manufacturiers et le public en général ont fait aux boîtes et aux caisses pour lesquelles M. Cotel a obtenu un brevet d'invention de 15 années (sans garantie du gouvernement) l'a engagé à apporter encore plus de soins dans sa manière de fabriquer, afin que tous les objets fragiles, en y comprenant les glaces et les tableaux, puissent être transportés sans courir les risques d'être brisés, dérangés, ni même détériorés.

En jetant un coup-d'œil sur la planche ci-jointe, l'on pourra se convaincre de la bonté de ce système.

Le n° 1er représente l'emballage d'un ou deux de ces tableaux ou glaces. Cette boîte est garnie de tampons en liége matelassés en coton recouverts en toile, qui pénètrent dans les différentes échancrures du cadre, le pressent sans lui faire subir la moindre détérioration, et le maintiennent d'une manière invariable. Elle est divisée en deux parties, pour placer entre les deux joints du matelas une planchette sur laquelle repose le deuxième cadre. Ces boîtes, de 1 mètre de long sur 0 m. 80 cent. de largeur, portant la hauteur nécessaire pour contenir un tableau ou une glace

N°. 1.
N°. 2.
N°. 3.
Caisse pour N°. 2 et N°. 3.
N°. 4.
N°. 5.
N°. 5.
Boîte fermée N°. 5.
N°. 6.
Lith. de A. Jourdan.

avec ferrures brisées, sont du prix de 12 fr. ; chaque tableau ou glace en plus 5 fr.

Les n. 2 et 3 ensemble représentent l'emballage des mêmes objets; mais la boîte est faite en forme de caisse dont le couvercle est visé.

Le n° 2 représente l'emballage à l'aide de cales en liége boulonnées avec écrou. Comme on le voit, le cadre est fixé sur deux bancs, et maintenu sur eux au moyen de deux cales en liége de chaque côté qui le serrent, puis placé dans la boîte de manière à ce que ce châssis occupe la boîte entière, et par conséquent ne puisse pas bouger. Le prix de cet emballage, de la même grandeur que celle ci-dessus, est pour un tableau ou glace   9 fr.

Chaque tableau ou glace en plus   4 fr.

Le n° 3 représente un emballage des mêmes objets, mais avec des bancs à coulisses et vissés derrière le cadre placé de même dans la caisse, de manière à en occuper toute la longueur et largeur. Le prix de cet emballage, dont la boîte est de la même dimension que celle ci-dessus, est de   6 fr.

Pour chaque en sus   2 fr.

Le n° 4 donne le moyen employé pour emballer de petits objets tels qu'animaux en plâtre ou empaillés, et ayant peu d'assiette. Maintenus entre eux au moyen de tampons en coton, et posés sur une planche à coulisse qui se retire de la boîte, il est facile de les sortir des coulisses qui les maintiennent par leur base. Les boîtes varient suivant la grandeur et la quantité des objets; leur moindre prix est de   5 fr.

Le n° 5 est la reproduction de l'emballage d'une statuette, de vase ou pendule, et enfin de tout objet d'une grande susceptibilité et de prix. Comme on peut s'en convaincre, ces objets sont soutenus et maintenus de telle sorte qu'il est impossible qu'ils éprouvent la plus légère altération. La statuette qui est représentée emballée est soutenue à son pied par deux tasseaux en liége qui la maintiennent fortement à cette base. Une ceinture les contient encore par le milieu du corps, quel que soit le côté qu'il soit le plus nécessaire de faire poser; un coussin toujours du même système sert à le maintenir. Cette boîte s'ouvre en deux parties sur la largeur et la hauteur, et ne donne aucun autre soin pour l'emballage que de l'ouvrir et la fermer, soit pour retirer ou placer l'objet. Lorsque le tampon ne presse pas assez sur l'objet, comme on le voit dans la boîte fermée n° 5, entre les deux charnières du devant de cette boîte et au dessous de la fermeture est une vis qui sert à le faire presser plus fortement. Ces boîtes sont du moindre prix de   5 fr.

Le n° 6 représente une boîte d'artiste, ou d'outils nécessaires pour suspendre les tableaux, faire des trous, mettre des pitons, enlever du bois soit à la scie, soit au ciseau, couper un peu de fer. Ces boîtes varient suivant ce que l'on veut y voir renfermé. La plus simple est celle qui représente la figure n° 6, dans laquelle on trouve un tour à vis séparé de son manche : à l'extrémité opposée à ce manche est une vis de pression faisant ressort pour presser un piton, et qui sert à la faire entrer ; des pitons, des clous à crochets ; une place de séparation placée au dessus contient cinq vrilles et un petit cercle à vis de pression dans lequel entrent les vrilles, et qui sert à les maintenir à une dimension telle qu'un trou ne soit que de la longueur voulue. Ces boîtes varient de 6 fr. 50 c. à 12 fr.

Indépendamment de tout ce système d'emballage, il n'en continue pas moins les emballages d'outre-mer ou ordinaires dans son ancien établissement, connu depuis plus de cent ans, et qui est passé jusqu'à lui de père en fils, et toujours dans le même local, rue Aubry-le-Boucher, n° 25, donnant rue Saint-Martin et rue Saint-Denis, en face le marché des Innocents.

Enfin M. Cotel a obtenu du comité des manufactures de l'Académie de l'industrie un rapport sur ces produits, et dont suit un extrait.

Extrait du rapport de M. Dalmont, membre du conseil d'administration.

Nous ne vous dirons pas, Messieurs, le nombre de compartiments, le nombre de clous et crochets qui entrent dans la composition d'une boîte d'emballage de M. Cotel ; nous vous dirons seulement que tous les objets, sans être serrés, y sont cependant maintenus d'une manière très solide ; que, sans rien déranger, l'on peut monter de suite ce que contient une boîte, et cela autant de fois et avec autant de facilité que pourrait le demander l'ouverture d'une boîte renfermant un châle, ou un seul objet non emballé ; que le prix de ces sortes de boîtes varie très peu de celui des emballages ordinaires, en considérant surtout que la même boîte peut servir presque indéfiniment : car, l'objet étant retiré de son intérieur, elle reste toujours disposée comme s'il s'y trouvait encore placé, et l'on peut toujours l'y mettre sans préparation ultérieure : aussi quel avantage ces boîtes n'offrent-elles pas pour les personnes dont les affections les portent à ne jamais se séparer des objets qui leur sont chers !

Un autre avantage est présenté au commerce par ce système d'emballage : car, si Paris est la seule capitale qui puisse fournir les cadres les mieux faits et les plus riches, c'est donc un véritable service rendu par M. Cotel à l'industrie du doreur en lui donnant le moyen d'envoyer au loin un tableau tout encadré, avec certitude qu'on le sortira de sa boîte aussi frais qu'au moment où il y a été placé.

Ce rapport a pour but de vous mettre à même de juger combien M. Cotel a mis de soins dans tous les objets qu'il soumet à votre approbation et combien il s'est efforcé de faire sortir son industrie de la stagnation dans laquelle elle végète depuis si long-temps. Ce n'est donc pas sans un certain fondement de raison que votre commission vous propose de renvoyer le nom de M. Cotel à la commission supérieure, afin qu'elle décide ce qu'elle jugera utile de faire dans l'intérêt de ce fabricant et qu'elle ordonne ensuite l'impression de ce rapport dans le journal des travaux de notre société.

104. — HURET, fabricant breveté de corsets hygiéniques, à Paris, passage du Caire, 38, galerie Sainte-Foy.

105. — LEPELTIER, menuisier, fabricant de BUREAUX-CAISSES, rue des Poissonniers, 7, à Montmartre.

106. — CAMBRAY, fabricant d'instruments d'agriculture, à Paris, rue Saint-Maur-du-Temple, 47.

Honoré justement de diverses médailles d'or et d'argent, M. Cambray fabrique toutes sortes d'instruments d'agriculture. Il expose :

Un HACHE-PAILLE, n° 3. — Un COUPE-RACINES, n° 3.—Un MOULIN A DRECHE, n° 3. — Une MACHINE A BROYER *le noir animal*. — Un MOULIN A BRAS pour le blé, le maïs, le seigle, le riz et le tapioca.

107. — TANGRE, fabricant breveté de toiles métalliques, à Paris, rue Saint-Maur-du-Temple, 47.

Expose divers échantillons de ses *toiles métalliques*, et surtout un échantillon de ses CHEMISES MÉTALLIQUES à lisière mixte pour blutoirs, adoptées par le ministre de la guerre pour les manutentions militaires.

108. — FICHET (CÉSAR), fondateur de l'ÉCOLE D'ARCHITECTURE pour les *arts et métiers* (théorie et pratique), rue Basse-du-Rempart, 28.

109. — RUFFIER, fabricant de machines à broyer, à Paris, rue du Port-Mahon, 12.

Expose une petite machine à pulvériser et tamiser les sucres. ∎

110. — MOUREY, fabricant de bijouterie à Paris, rue du Temple, 63.

Fabrique et expose des objets repoussés après dorùre, ainsi que divers objets dorés et plus ou moins bien conservés, suivant qu'il leur a ou non appliqué certains moyens de conservation qui lui sont propres: car depuis 1842 M. Mourey est parvenu, comme l'attestent divers rapports favorables de la société d'encouragement et de l'Académie de l'industrie, à trouver un nouveau moyen de parer à l'inconvénient du dégagement de l'hydrogène sulfuré sur l'argent, le plaqué, et l'argenture électro-chimique, moyen également fort bon pour conserver les dorures dans leur état primitif, et les maintenir dans un état convenable de fraîcheur.

111. — PLUMIER (Victor), rue Neuve-Vivienne, 36, près le boulevart.

PORTRAITS AU DAGUERRÉOTYPE, de 4 à 20 fr.
Les nouveaux procédés de MM. CHOISELAT et RATEL, dont on fait usage dans cet établissement, forment, par leur extrême promptitude, la beauté et la douceur des portraits, une spécialité pour les groupes de famille, les portraits de dames et d'enfants.
Fabrique de plaques argentées par les procédés de MM. Ruolz et Elkington à l'usage du daguerréotype.

112. — LAUDE *jeune*, fabricant de SOMMIERS ÉLASTIQUES, breveté, sans garantie du gouvernement, médaille de bronze à l'exposition de 1844, à Paris, rue du Faubourg-Saint-Antoine, 11.

Tous les sommiers de cette fabrique sont vendus à garantie. On les donne à l'essai pendant trois mois aux personnes qui douteraient de leur parfaite confection.

113. — DUPÈS, fabricant et inventeur de BATONS A RESSORT, à Paris, rue du Faubourg-du-Temple, 109 et 111.

Les poulies et les cordons que l'on employait exclusivement autrefois pour les rideaux de croisées et d'alcôves, et qui offraient de nómbreux inconvénients, sont remplacés aujourd'hui avec avantage par les bâtons à ressort de la fabrique de M. Dupès et compagnie.

114. — **MOTHEREAU**, fabricant breveté de *carreaux en plâtre pour cloisons* et de nouveaux POTS EN PLATRE *pour les planchers*, à Paris, rue Rochechouart, 64 *bis*.

115. — **GUYON** frères, maîtres de forges à Dôle (Jura), exposent des FOURNEAUX et CUISINES *en fonte*.

116. — **SAVARY** et **MOSBACH**, joailliers, fabricants inventeurs, brevetés pour les PARURES A PIERRES DE RECHANGE; vente en gros à la fabrique, rue Vaucanson, 4, marché Saint-Martin, près la rue du Vert-Bois; vente en détail chez M. BON, rue Castiglione, 2; passage des Panoramas, 49, et Palais-Royal, galerie Montpensier, 73.

Cette fabrique est la seule qui ait obtenu deux médailles d'argent en 1834 et 1842, aux expositions nationales, pour ses riches imitations de pierres précieuses; les seules qui peuvent avantageusement concourir avec le diamant, par leur dureté et leur brillant; ce qui a fait de cette fabrique la première du monde. C'est pourqnoi aussi les personnes le plus haut placées les mêlent en toute confiance avec leurs diamants.

On trouve toujours dans cette fabrique un choix considérable de parures de tout genre et du meilleur goût, ainsi qu'un grand assortiment de nouveautés pour la commission. Leur nouveau système de parures à pierres de rechange offre une variété bien agréable; c'est-à-dire qu'une seule parure peut en former plusieurs, selon les désirs et les goûts.

117. — **LOISELIER**, fabricant breveté de SERRES PORTATIVES, à Paris, rue Meslay, 48.

Expose un *châssis à vapeur portatif* breveté sans garantie du gouvernement, et par lui fabriqué, pouvant se placer très facilement dans les baies d'une fenêtre, ce qui permet de conserver toujours sous les yeux, dans les chambres et les salons, les plantes les plus belles et les plus précieuses. Il peut aussi s'appliquer aux bâches et serres de la grande culture. Ses serres portatives et ses cloches ont toujours le juste succès qu'elles méritent.

118.—CHOUILLY, successeur de M. Bonnot, fabricant de *papiers peints*, rue Neuve-Saint-Paul-Saint-Antoine, 9.

Cette fabrique de papiers peints, qui a déjà obtenu une médaille d'argent de l'Académie de l'industrie et une médaille de bronze à l'exposition nationale de 1839, prend chaque jour plus d'extension ; elle se distingue surtout par ses imitations de bois, marbre et agate. Les modèles qu'elle expose cette année indiquent assez toute la supériorité qu'elle a su atteindre dans cette spécialité.

Mais il faut remarquer surtout qu'il fait aujourd'hui des panneaux entiers d'un seul morceau peints à la colle ou à l'huile, d'après les mesures données des appartements, et cela sans qu'il y ait augmentation dans ses prix, toujours très modérés.

119. — LEFEBVRE, fabricant de *pâte à rasoirs* dite Augustine, à Paris, quai de l'École, 20.

120. — LIMONAIRE aîné, fabrique spéciale de pianos droits, à Paris, rue Meslay, 53.

Ces pianos, construits pour l'exportation d'outre-mer, ont l'avantage de conserver leur acccord, quels que soient le climat et la destination ; ils sont à 3 cordes, 6 octaves 3|4, et garantis cinq ans.

121. — LEMARE (Mme), fabricante brevetée de caléfacteurs, à Paris, quai Conti, 3.

Voir la notice détaillée qu'elle distribue au prix de 50 cent.

122.—BANCE, fabricant de *toiles* et surtout de toiles a tableaux, à Mortagne (Orne), et à Paris, chez M. Brulon, rue de l'Arbre-Sec, 46.

Expose des *toiles à tableaux* d'une largeur telle que les plus grands tableaux n'ont plus besoin d'être coupés par des coutures toujours très difficiles à entièrement cacher. La largeur des toiles de M. Bance va jusqu'à *six* et huit *mètres*.

123. — LAUDE aîné, fabricant de sommiers élastiques, breveté, sans garantie du gouvernement, fournisseur des hôpitaux, rue de Vendôme, 12, et rue de Choiseul, 3, au rez-de-chaussée.

Ces sommiers, dits sommiers parisiens, ont, entre autres avantages remarquables, celui que tout le travail intérieur, qui constitue la qualité du coucher, est entièrement visible à l'œil de l'acheteur, et que l'on peut s'assurer par soi-même des soins qui ont été apportés à leur confection.

PORTE-LITERIE-LAUDE AÎNÉ.

Ce porte-literie, également breveté, a pour avantage d'être mobile, de contenir facilement un coucher complet composé d'un sommier élastique, un matelas, un oreiller, un traversin, draps, couvertures, roulant avec la facilité d'un fauteuil, et pouvant être transporté par une seule personne en passant par les plus petites portes, enfin pouvant disparaître entièrement de la pièce dans laquelle on désire coucher.

Il expose en outre :

Un nouveau-garde manger dans lequel les objets peuvent se conserver toujours frais et long-temps sans se gâter.

124.—LUET, fabricant de meubles de salon, à Paris, rue du Faubourg-Saint-Denis, 67, cour des Petites-Écuries, 8.

Mention honorable à l'exposition nationale de 1844.

Fabrique et magasins de siéges en tous genres, fauteuils, chaises, canapés, tête-à-tête, chaises longues, confidents, divans, consoles, tables Louis XV pour salons, galeries de croisées, et toutes sortes de siéges de fantaisie.

Cette maison, une des plus anciennes et des mieux assorties en tous genres, a su, par le bon goût et le soin apporté à ses produits, s'attacher une clientèle d'élite qui ne peut que s'augmenter en continuant à créer des nouveautés dont le style et la pureté d'exécution ne laissent rien à désirer.

125.— DORLÉANS, horloger mécanicien, à Paris, rue du Faubourg-du-Temple, 110.

Fabrique des horloges pour églises, châteaux et manufactures. Une médaille de bronze lui a été décernée à l'Exposition nationale de 1844.

126. — DIER, *tailleur* de S. A. S. le landgrave de Hesse-Hombourg, *remet à neuf les vieux habits*, à Paris, rue Saint-Honoré, 347, près la rue Castiglione.

127. — JOFFRIN, inventeur d'un DENDROMÈTRE, à Morvilliers (Aube).

Expose : 1° un DRENDROMÈTRE *double* servant à donner la hauteur et l'épaisseur des arbres sur pied.
2° Un DENDROMÈTRE *simple* cubant les arbres abattus.

128. — BUIGNIER, graveur, *fabricant de* MÉDAILLES, à Paris, rue des Vertus, 20, quartier Saint-Martin.

Fabrique des MEDAILLES-ADRESSES portant la représentation en relief et de couleur, les médailles obtenues aux expositions nationales de Paris ou des départements et dans les sociétés savantes ou particulières.

129. — FESSART, inventeur *d'appareils de chauffage pour salle à manger*, à Paris, boulevart Beaumarchais, 63.

L'INDISPENSABLE.

Chacun a pu remarquer à l'exposition de 1844 l'appareil que M. Fessart nomme l'*indispensable*, et qu'il soumet encore aujourd'hui au jugement du public. C'est un appareil de chauffage en hiver pour salle à manger, et qui, en été, peut servir de rafraîchissoire.

Seulement le nouveau modèle exposé cette année présente un appareil qui revient à un prix moins élevé et qui est plus facile à placer.

Pour les commandes il faut s'adresser chez M. Fessart, boulevart Beaumarchais, n° 63.

150. — TAILFER, fabricant de FUMIVORES pour machines à vapeur, à Paris, rue Notre-Dame-de-Grâce, 4.

Les barres du foyer forment une chaîne sans fin passant sur deux tambours, un sur le devant et l'autre à l'extrémité du fourneau. Ils sont mis en mouvement soit à la main, soit par une courroie correspondant à la machine ; la force nécessaire demande au plus 1/20e de la force d'un cheval. Le mouvement des barres est d'environ six pieds par heure ; le charbon passe dans le fourneau sous la porte, qui se lève, au lieu de s'ouvrir sur des gonds, et de cette manière la porte forme une jauge pour le charbon, en sorte que le feu est égal d'un bout à l'autre du fourneau. — Avec cette invention, on peut aussi avantageusement brûler du petit charbon que du gros : le premier convient parfaitement à ce fourneau.

L'air arrive constamment au charbon à travers les barres, et de cette manière on obtient une combustion parfaite. De la même manière que le charbon entre dans le fourneau, la scorie ou mâchefer en sort à l'extrémité sous le pont, et tombe dans le cendrier.

Les barres sont préservées d'une action trop vive du feu par un mouvement continuel ; elles sont d'ailleurs en partie couvertes de charbon non consumé et se refroidissent avant de rentrer dans le feu. Tout l'appareil peut se retirer de dessous la chaudière en cas de besoin ou de réparation, cet appareil étant sur les rails. La fumée est entièrement consumée et l'économie de charbon est considérable.

131.—BLONDEL, facteur de PIANOS, breveté d'invention sans garantie du gouvernement, à Paris, rue de l'Échiquier, 41, Faubourg Poissonnière.

Il fabrique des pianos avec échappements d'un genre de mécanisme qui possède l'important avantage, surtout en province, où les facteurs ne sont pas toujours habiles, de permettre d'enlever une seule touche au lieu de retirer tout le clavier.

Du reste les pianos de M. Blondel, qui lui ont mérité une médaille d'or, sont très remarquables par la supériorité de leur mécanisme, et l'assortiment considérable de son établissement prouve assez combien ses pianos sont appréciés et recherchés des artistes et des amateurs.

132.—TERRIEN, mécanicien, fabricant des COMPTEURS *d'omnibus* et *de billards*, à Belleville, rue Saint-Laurent, 49.

133.—THARIN, horloger-mécanicien, inventeur de nouveaux tableaux-horloges, rue du Temple, 63.

Propriétaire de la Leçon de musique de *Décamp*, des Moines de *Jacquand*, du beau tableau des Forgerons, dessiné par Victor Adam, etc.; inventeur du nouveau *Tutomodérateur*, simple appareil au moyen duquel il est parvenu à paralyser l'effet de la tension et de la dilatation des sons, résultat immense en ce genre de fabrication, et contre lequel ont échoué tous les essais faits jusqu'à ce jour. M. Tharin tient un grand assortiment de pendules, bornes, cartels, mécaniques à musique, belle et riche horlogerie.

On trouve toujours chez lui un grand assortiment de Sabliers mécaniques.

Médaille d'honneur en bronze. 1843.

134.—MICHEL, successeur de Zegelaar, fabricant de CIRES A CACHETER, à Paris, rue Porte-Foin, 7, au Marais.

135.—JOURDAIN, *tapissier*, fabricant breveté des *sommiers Jourdain*, construits tout en fer, à Paris, boulevart Saint-Denis, cité d'Orléans, 5.

156. — DEBAIN et Compagnie, fabricants de l'HARMONIUM *Debain* et de l'ANTIPHONE-HARMONIUM, à Paris, rue Vivienne, 53.

Honoré d'une médaille à l'exposition nationale de 1844 et d'une d'argent de l'Académie de l'industrie. L'HARMONIUM, qui imite l'orgue et plusieurs instruments d'orchestre, a été admis en moins de deux années dans les principaux théâtres, dans les classes de musique, dans celles du Conservatoire, dans les salons de nos plus célèbres artistes chanteurs et instrumentistes.

ANTIPHONE—HARMONIUM.

SUPPLÉANT DE L'ORGANISTE pour les églises de campagne.

L'antiphone est un appareil fort simple que l'on place à volonté sur le clavier de toutes espèces d'orgues et d'harmoniums.

Les morceaux de musique qu'on y exécute sont préalablement notés sur des petites planchettes qui ne coûtent guère plus cher que de la musique imprimée, et au moyen d'un petit levier que l'on fait mouvoir de bas en haut et de haut en bas, toute personne étrangère à la musique peut exécuter tous les morceaux religieux, l'accompagnement du chant et du plain-chant.

Ces résultats, d'une haute portée pour les églises privées d'organistes, n'ont aucune ressemblance avec les cylindres à manivelles ni le milacord.

137. — FICHET (Alexandre), serrurier-mécanicien de LL. AA. RR. Mgr le duc et Mme la duchesse d'Orléans, du duc de Nemours et du prince de Joinville, membre de la société d'encouragement et de l'Académie de l'industrie, breveté d'invention sans garantie du gouvernement; médaille de bronze 1834 et 1837, argent 1838 et 1840, platine 1841, or 1842; à Paris, rue Richelieu, 77; ateliers, rue Neuve-des-Mathurins, 51, et rue Sainte-Anne, 63; à Lyon, place du Concert; fabrique à Etrépilly (Seine-et-Marne).

FABRIQUE DE COFFRES-FORTS.
NOUVELLES SERRURES DE SURETÉ.

Brevet d'invention de 15 ans (sans garantie du gouvernement) pour un moyen de sûreté portatif, qui donne la sécurité des voyageurs dans les hôtels (prix 6 fr.).

Vient de perfectionner les caisses coffres-forts en construisant l'extérieur du fond, avec les côtés, d'un seul morceau de forte tôle, ce qui offre beaucoup plus de sécurité, puisque cela diminue le nombre des joints, qui sont toujours funestes.

Il fabrique aussi des serrures de sûreté : si un malfaiteur est tenté d'en faire l'ouverture, il ferme davantage ; le propriétaire de la serrure par sa clef peut ouvrir comme primitivement. Elles sont du prix de 22 fr., prises à la main, ou 27 fr. posées, compris la gâche, l'entrée, les vis, et le temps de l'ouvrier (garanties pour dix ans).

Avis important. Le sieur Fichet prie qu'on ne confonde pas son travail avec celui du même genre, en apparence, que l'on rencontre chez certains quincailliers, particulièrement les serrures que l'on nomme verrous de sûreté, vendus par eux, représentant à leurs clefs six et huit garnitures, quand au résumé il n'y en a que quatre dans l'intérieur, et il n'y a point de délateur, pièce principale de ce système (c'est tromper le public).

Je suis le premier en France, dit M. Fichet, qui ait fabriqué les serrures à garnitures mobiles (brevet de 1829).

Elle sont généralement reconnues comme étant les meilleures, et certes je ne souffrirai pas qu'on les fausse dans les principes où je les ai instituées.

En outre je ne comprendrai jamais, ajoute-t-il, que ce soit l'homme de la profession qui doit s'opposer aux voleurs qui trompe le premier.

Cette infraction à mes principes est pourtant fréquente ; je la combattrai partout où je la rencontrerai en avertissant le public, qui est à cet égard la classe inoffensive.

138. — BOULANGER, fabricant de CIRAGES, à Paris, rue du Bac, 73.

Expose cette année un cirage vernis pour bottes et souliers ; il est de la plus grande beauté et d'un brillant extraordinaire. Ce vernis convient également pour la chaussure des dames ; il rend au maroquin son état primitif. Il expose aussi son cirage anglais superfin et inimitable par son lustre et son noir éclatant.

139. — GÉRARD, fabricant d'*outils montés*, à Paris, rue Saint-Antoine, 195, place de la Bastille, en face l'église protestante.

Fabrique et vend à très bon compte tous les *outils montés* pour ébénistes, menuisiers et facteurs de pianos, ainsi que les divers outils spéciaux inventés par lui, et qui figuraient honorablement à l'exposition nationale de 1844, où il a obtenu une médaille de bronze, de même qu'il en a obtenu une grande d'argent de l'Académie de l'industrie.

Il a dernièrement encore inventé une machine fort utile pour tailler rapidement et avec une grande économie les *tenons, languettes et rainures.*

140. — CHAULIN, papetier breveté du roi, admis aux expositions des produits de l'industrie française en 1839 et 1844 (mention honorable), rue Saint-Honoré, 218, au coin de la rue Richelieu, près le Palais-Royal.

ENCRIER SIPHOÏDE CHAULIN. PAPETERIE DE LUXE ET DE BURREAUX. NOUVEAU POLYGRAPHE pour écrire à la fois la lettre et la copie.

SPÉCIALITÉ pour écritoires de toutes sortes.
Nouvelle presse à copier à 5 fr.
MÉDAILLE D'ARGENT EN 1839.

141. — BRY (Auguste), impr.-lithographe, 134, rue du Bac, à Paris.

Grande médaille d'or (*præmio digno*) de S. M. l'empereur de Russie, médaille de bronze à l'exposition de 1844, médaille d'argent de l'Académie de l'Industrie en 1845.

Expose des lithographies au lavis, à l'estompe, à la sépia et à l'aquarelle, par MM. Charlet, Raffet, Valerio, Grobon, etc.

142. — FORT et C°, filateurs et fabricants de COUVERTURES *de pure laine*, à Saint-Jean-Pied-de-Port (Basses-Pyrénées).

Ces exposants, récompensés d'une médaille de bronze à la dernière exposition nationale, se font remarquer par la bonté de leurs produits, qui sont très appréciés par le commerce.

Ils peuvent, pour la perfection et la modicité de leurs prix, rivaliser avec avantage contre les premières fabriques du Nord.

143. — MASSUE, fabricant de *peignes d'ivoire*, à Paris, rue Aumaire, 3 et 5.

Ce fabricant est le seul qui jusqu'à présent soit parvenu à fabriquer les peignes par le procédé de machines à vapeur, ce qui prouve la supériorité de ces machines, dont il est l'inventeur et qui sont toutes exécutées par lui. On lui doit l'affranchissement de notre pays pour les peignes superfins, pour lesquels nous étions, il y a quinze ans, tributaires des Anglais. Il est le premier qui ait été récompensé aux expositions nationales. Il expose cette année, non seulement des peignes superfins de la plus grande finesse, mais des peignes à retaper d'un nouveau genre. Tout le monde sait que les peignes à retaper en ivoire n'étaient pas solides, parce qu'il fallait les faire en travers du fil de l'ivoire pour obtenir de grandes longueurs; mais par son procédé il peut en faire de toute les grandeurs. Ce procédé consiste à rapporter des dents en droit fil dans une languette prise aussi sur le droit fil de l'ivoire. Les dents de ces peignes étant parfaitement arrondies par un nouveau système et bien polies, il leur donne toute la douceur de celles des peignes en écaille, et ces nouveaux peignes sont au moins des deux tiers moins chers que les anciens. Il expose aussi des peignes à décrasser à dents arrondies par un nouveau procédé qui les rend supérieures même à celles des peignes anglais.

144. — BASNIER, *estampeur en cuivre*, impasse Saint-Laurent, 4, à Belleville.

Il fabrique et expose des croix, des crosses, des aiguières, des bougeoirs, des châsses ou reliquaires, et autres objets religieux, sur la fabrication desquels s'est ainsi exprimé le jury de l'exposition nationale de 1844 :

« La spécialité bien marquée de M. Basnier dans l'emploi du cuivre estampé est celle des ornements destinés aux églises et au clergé.

» Son exposition se distinguait par un autel garni de chandeliers d'une bonne exécution, et remarquables par l'ajustage, qui est une grande difficulté de l'estampage dans la ronde-bosse. Cette perfection est sensible dans des ostensoirs, surtout dans des crosses d'évêque, que la légèreté de leur volume rend d'un plus facile usage ; dans une croix de procession se retrouvent ces mêmes avantages. L'ensemble des nombreux objets, dans lesquels on remarquait des encensoirs, parle en faveur de M. Basnier. Étant le seul pour cette spécialité, il est facile de se faire une idée de l'importante consommation de ses produits. »

Le jury décerne à M. Basnier une médaille de bronze.

145. — CLERVILLE, *coiffeur*, breveté pour les PERRUQUES HYGIASTELNIQUES, à Paris, rue Montorgueil, 84.

146.—QUESNEL, tapissier, à Paris, rue Meslay, 65 *bis*.

Inventeur breveté, sans garantie du gouvernement, des **SOMMIERS-ÉLASTIQUES-DIVANS**, se pliant comme les lits en fer, et se vendant à des prix très modérés.

147.—MONNIER (Antoine), chapelier, à Nemours, département de l'Oise, et à Paris, chez M. Philippe, chapelier, passage du Grand-Cerf, 38 et 40.

Expose des chapeaux **ABROXIDES** de son invention pour la gendarmerie et le civil, tous inaltérables à la pluie et à la transpiration, nouvellement encore perfectionnés au moyen de ventouses pour la salubrité de la tête.

148.—LEMAIRE et CHIFFARAT, fabricants de POMPES A SOUFFLET, à Paris, quai de Jemmapes, 200, au coin de la rue des Récollets.

POMPES dites SOUFFLETS HYDRAULIQUES.

Médaille d'honneur en argent.

Ce nouveau système, honoré d'une médaille d'argent, s'applique avec un égal succès aux épuisements de toute espèce, à tous les usages domestiques, et comme pompes à incendie.

Il se recommande à la sollicitude du gouvernement pour les vaisseaux de l'état; à MM. les armateurs et capitaines des bâtiments de commerce, qui apprécieront un appareil que nul corps étranger ne peut paralyser, et qui aspire et refoule avec une égale facilité les eaux chargées de vase et de sable.

Son débit est illimité; prenant sa capacité dans l'évasement des cuvettes, il donne de 1 à 100 litres par oscillation.

Comme pompes à incendie, MM. les préfets et MM. les maires verront avec intérêt des pompes à incendie d'une telle simplicité, que le bourrelier du moindre village peut y faire les réparations que des accidents imprévus viennent y occasionner.

Sa manœuvre est celle des pompes en usage à **Paris**.

Il se recommande aux propriétaires pour les services d'une maison, aux cultivateurs et maraîchers pour l'arrosage de leurs terres avec des eaux plus ou moins chargées d'engrais liquides.

Le **SOUFFLET HYDRAULIQUE** a l'avantage de pouvoir s'adapter facilement et sans frais à toutes sortes d'armatures et de communications de mouvements.

149. — SAJOU, dessinateur, honoré de plusieurs médailles, breveté de S. M. la reine, de S. A. R. Madame la duchesse d'Orléans et de S. A. R. la princesse de Joinville, rue de Rambuteau, 50, près la rue Saint-Martin ; succursale rue de la Barillerie, 17, en face le Palais-de-Justice.

Cette maison est la seule qui embrasse la fabrication de tous les **DESSINS DE BRODERIE** et **TAPISSERIE**. Son énorme assortiment, son genre léger, facile et de bon goût, ainsi que la modicité de ses prix, justifient la faveur dont elle jouit depuis plusieurs années.

150. — JALADE-LAFOND (Le docteur), *chirurgien herniaire* de feu S. A. R. Mgr le duc d'Orléans, du prince de Valdeck, des hôpitaux, des hospices, etc., etc.; membre titulaire de la Société de médecine pratique, de l'Académie de l'industrie agricole, manufacturière et commerciale ; membre correspondant de la Société des sciences physiques et naturelles de Bruxelles, etc., etc., à Paris, rue Vivienne, 23.

Ayant obtenu un rappel de la médaille d'or en 1844.

151. — SAUNIER (Mme Antoine), seule propriétaire de l'ancienne maison Antoine Saunier, de Lyon, à Paris, quai Pelletier, 28.

Expose un cadre renfermant divers échantillons de pinceaux et brosses à peindre. La bonté et la solidité des produits de cette fabrique lui ont fait mériter des mentions honorables et plusieurs médailles d'honneur aux diverses expositions nationales de l'industrie.

152. — CONSTANT VALÈS et LELONG, fabricant de PERLES, à Paris, rue Saint-Martin, 161.

Expose des *perles* dites *orientales*, qui, sans contenir de cire, possèdent la pesanteur et la transparence des perles fines les plus belles.

153. — VENDRANT, fabricant de PEIGNES à peigner la laine, à Crépy, et à Paris, rue Saint-Laurent, 28.

154. — MORA, successeur de M. DACOSTA jeune, bijoutier, fabricant de petits bronzes, à Paris, rue Jean-Robert, 17, ci-devant rue Bourg-l'Abbé, 9.

155. — LECOCQ et compagnie, fabricants-inventeurs de CALORIFÈRES, à Paris, boulevart Bonne-Nouvelle, 26.

Inventeurs brevetés pour 15 années sans garantie du gouvernement, ils fabriquent des CALORIFÈRES *conservateurs du ca-*

lorique offrant 90 p. 100 d'économie, employés au chauffage des compagnies des chemins de fer du Nord, de Rouen et d'Orléans, de l'Imprimerie royale, le la Bibliothèque du Jardin du Roi, de divers Hôpitaux, de Colléges royaux, d'Ecoles, de Théâtres, etc., etc. Ils ont obtenu une médaille en 1844.

Ils fabriquent aussi des ornements mobiles en cuivre estampé, pour décors d'appartements, de cafés et de théâtres, etc., etc. Les salles de l'Opéra-Comique, du Cirque National des Champs-Elysées, des théâtres de Nantes, de Toulouse, de Bruxelles, etc., attestent l'éclat et l'extrême solidité de ce genre de dorure, qui leur a mérité des médailles d'argent aux expositions nationales de 1834, 1839, 1844.

156. — BONNEFOND, fabricant de tuiles et POTERIES, à Lezou, près de Clermont (Puy-de-Dôme). Dépôt à Paris, chez M. Pistorius, rue du Faubourg Saint-Martin, 123.

Expose des poteries très bonnes, qui vont bien au feu et sont très économiques par leur emploi dans les ménages.

157. — METFREDERQUE, vernisseur, à Paris, rue de la Pépinière, 23.

Expose des vases en terre, imitation de porcelaine, montés en cuivre.

158. — DESPRETZ, fabricant de LIMES à Milourd, par Trelon, département du Nord, et à Paris, chez M. Lebeau, rue Fontaine-au-Roi, 39.

Fabrique et expose divers échantillons de limes confectionnées dans ses ateliers.

159. — THIRION, mécanicien, fabricant breveté d'ESSIEUX et BOITES *de voitures* du système à *double rotation*, à Mirecourt (Vosges).

Ce nouveau système d'essieux a pour but :
1º De diminuer la puissance de traction par la décomposition du mouvement de rotation ;
2º D'empêcher le grimpement des métaux mis en contact et par conséquent d'empêcher la création de la chaleur.

160. — ROUSSEVILLE, rue Saint - Martin, 155, au coin de celle Neuve-Bourg-l'Abbé.

Médaille d'honneur et mention honorable en 1839, et médaille d'argent en 1845, breveté d'invention et de perfectionnement.
Seule fabrique de couverts garantis non cassants, revêtus des poinçons Wolfram R. S. breveté Rousseville.
Ce métal sonore, inoxydable, avec lequel il fabrique des couverts de modèles élégants, manches de couteaux et autres articles pour le service de table, est d'une blancheur et d'une solidité prouvées par diverses expériences. Aussi il dispute à l'argent lui-même le rang qu'il occupe dans l'orfévrerie.
Il vient d'ajouter à sa fabrique les couverts en maillechort argentés et dorés par le procédé de MM. de Ruolz et Elkington.

N.B.— Il expose en outre divers clyso-monoloskènes ou seringues fonctionnant seules ; de nouveaux CLYSO A RESSORT, brevetés d'invention, pour lavements et injections, douches ascendantes et irrigations.
Des *clyso à jet intermittent rectifié* et *à jet continu*, à des prix modérés et ne le cédant à aucun autre pour leur qualité supérieure, ce qui vient de ce que M. Rousseville est continuellement à la tête de ses ateliers, qu'il ne cesse de surveiller.

Enfin il fabrique toujours toute la poterie d'étain.

161. — LECLERC (J.) et compagnie, directeur de la fabrique des **pompes hydrauliques françaises**, *aspirantes et foulantes, à* *jet continu*, quai Valmy, 59, et rue Ménilmontant, 28.

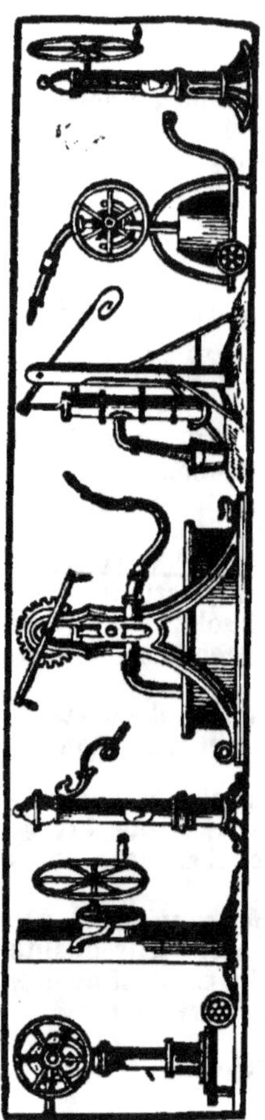

Dépot et exposition boulevart Montmartre, 10, en face la rue Vivienne.

POMPES ROTATIVES, applicables aux usages domestiques, agricoles et manufacturiers, à la marine, et contre les incendies. Pose extrêmement facile à toutes les profondeurs. ÉCONOMIE de 60 p. 100 SUR LES POMPES ORDINAIRES.

CONFECTION de Pompes à pistons, à balanciers ou à mouvements rotatifs à doubles ou simples effets; Pompes-Bornes de toutes formes; Machines à vapeur, Générateurs, Presses hydrauliques et autres objets mécaniques.

POMPES A PISTONS, à 60 fr. et au dessus; POMPES ROTATIVES, à 80 fr. et au dessus; POMPES CONTRE L'INCENDIE, à 500 fr. et au dessus.
Moyennant une faible rétribution annuelle, toutes les pompes placées dans Paris et la banlieue sont *entretenues et garanties pendant 20 ans.* (Ecrire franco.)

162. — BOERINGER, *opticien-mécanicien* à Paris, rue de la Lune, 3. Expose un nouveau système de PROPULSEUR pour bateaux.

163. — RAPHANEL, fabricant de *couleurs et vernis*, à Paris, rue Neuve-Saint-Merry, 9.

BREVETS D'INVENTION ET DE PERFECTIONNEMENT

SANS GARANTIE DU GOUVERNEMENT.

Médaille d'honneur de l'Académie de l'Industrie 1844

Mention honorable de la grande Exposition 1844.

SICCATIF BRILLANT

POUR LA MISE EN COULEUR

des Appartements, Carreaux et Parquets,

SANS FROTTAGE.

Cette préparation, la seule reconnue très solide, a l'immense avantage de n'avoir pas besoin d'être frottée, de sécher en deux heures, et d'être d'un beau brillant sans avoir l'inconvénient de faire glisser comme la cire.

Il y a du rouge, du *jaune couleur noyer*, pour carreaux et parquets, du *transparent* pour parquets neufs; du *noir* et du *vert* pour ferrures et boiseries.

Toute personne peut l'employer; il faut que le carreau ou parquet soit nettoyé et très sec, enlever la cire ou la peinture à la colle, s'il en existait, et l'étendre avec un pinceau propre à cela.

On se charge de la mise en couleur à 75 cent. du mètre.

3 fr. le Kilo,

qui suffit pour 6 mètres superficiels à 2 couches.

164.—FERRY, fabricant et inventeur breveté de nouveaux FERMOIRS A GANTS, à Paris, rue et terrasse Vivienne, 7.

165.—GUÉNEBAULT, propriétaire-agronome à Lapérière, par Buigneux-les-Juifs (Côte-d'Or).

Expose divers échantillons de laines provenant de ses troupeaux.

166. — KENT-PÉCRON (A.), fabricant, *breveté* sans garantie du gouvernement, rue de la Lampe, 38, à Boulogne-sur-Mer; représenté à Paris par V. Saglier, rue Montmartre, 119.

Expose: *théières*, cafetières, sucriers, pots à crème et autres articles en alliage appelé MÉTAL BRITANNIQUE.

L'exposant, mentionné honorablement par le jury de l'exposition générale en 1844, honoré d'une médaille de bronze par l'Académie de l'industrie en 1845, a la confiance d'avoir justifié l'une l'autre distinction par les progrès de sa fabrication. Il soumet cette année à l'examen du public des théières et autres articles qui par la perfection et le fini du travail, par la blancheur et l'éclat du métal, surpassent, il ose le dire, ce que l'industrie anglaise produit de mieux; et désormais, si la faveur du public éclairé seconde et encourage ses constants efforts, la France ne sera plus tributaire de l'industrie étrangère pour ces produits dont les avantages sont aujourd'hi si bien appréciés par tout le monde, et qui bientôt deviendront en France, comme ils le sont en Angleterre, d'un usage général.

167. — LEFRERE (Léon), successeur de M. ROLLAND, *coiffeur*, breveté sans garantie du gouvernement, à Paris, rue Caumartin, 34.

Ce coiffeur a été breveté d'invention et a reçu une médaille d'honneur pour l'introduction du caoutchouc dans le travail des cheveux. Il fabrique des perruques et toupets de toutes façons à des prix fixes et modérés; et il est le seul fabricant de perruques qui ne se défrisent pas, à l'usage des cochers (genre anglais), et *perruques nouvelles* pour valets de pied dans le même genre. ainsi que des toupets sans tresses, très légers, pour les personnes sensibles de la tête.

Nota. — Ne pas confondre avec la boutique à côté.

168. — HUREZ (F.), fabricant d'appareils de chauffage de toutes espèces, à Paris, rue du Faubourg Montmartre, 42.

Maison spéciale pour la construction des FOURNEAUX-POTAGERS-ÉCONOMIQUES, imaginés par M. Hurez.

169. — CHATENOUD, bijoutier, rue Royale-Saint-Martin, 25.

A monté lui-même les chapelles-pendules exposées.

170. — VALLÉE et compagnie, fabricant de SAVONS, rue de Nantes, 37, à la Villette.

171. — ROSSELET, fournisseur breveté de S. A. R. Mgr le prince de Joinville, rue du Faubourg-Saint-Honoré, 26.

Mention honorable de l'exposition générale de 1844.

. Inventeur des liquides chrysopalingénésiques pour la revivification des dorures sur métaux, or, argent et composition, bijouterie, épaulettes, habits brodés or et argent, ornements d'église. Il n'entre aucun acide dans la composition de ces liquides. On opère soi-même, à froid, et presque sans frais.

. L'inventeur a exécuté des travaux de la plus haute importance dans la cathédrale de Reims, à l'église de Saint-Méry et dans plusieurs établissements publics; plusieurs généraux et amiraux, des aides de camp du roi et un grand nombre de notabilités, lui ont confié des travaux qu'il a exécutés à leur entière satisfaction, ainsi qu'il peut en justifier par leurs certificats.

Chaque flacon est revêtu de la signature et du cachet de l'inventeur, qui se charge aussi des nettoyages. A l'aide d'un procédé que possède l'inventeur, il nettoie et ravive les cadres et dorures sur bois.

Commission et exportation.

172. — AUDOIN-CHAMPION, fabricant de tissus hygiéniques et imperméables, et dépôt de glu marine, à Paris, rue Vieille-des-Audriettes, 8.

Tissus hygiéniques semi-métalliques, brevetés, sans garantie du gouvernement, pour couvertures de voitures et ses vêtements imperméables, à l'enduit Rozet-Champion, et qui ont obtenu une médaille à l'exposition nationale de 1844.

Glu marine, brevetée sans garantie du gouvernement, pour assemblage, collage, enduits de toutes couleurs contre l'humidité, conservation des bois et du fer. Médaille en 1844. Applications : Chemins de fer du Nord, de Sceaux, terrasse de Saint-Germain, Château de Saint-Cloud, etc.

173. — SAMUEL, fabricant et inventeur du BLEU DE FRANCE POURPRÉ en tablettes et liquide pour l'azurage du linge, à Paris, rue Vieille-du-Temple, 10.

174. — DELNEF, fabricant de *pâte de réglisse* et de *pâte pectorale*, à Paris, rue de la Poterie-des-Arcis, 22, près la rue de la Verrerie.

Il doit la régularité de ses pâtes à un COUPE-PATE dont il est l'inventeur.

175. — DUVELLEROY, fabricant d'éventails, fournisseur de S. A. R. Madame la duchesse d'Orléans, passage des Panoramas, grande galerie, 17, et rue de la Paix, 15.

176. — LACHAVE, ex-instituteur du prince Eugène de Savoie-Carignan, professeur de langues à l'école polymathique, inventeur breveté des *tablettes cristallines* ou *ardoises transparentes* pour l'éducation élémentaire des jeunes enfants, à Paris, rue Fontaine-Saint-Georges, 11.

Ces tablettes cristallines ou ardoises transparentes d'un blanc de porcelaine et de toutes couleurs servent avec succès à l'éducation élémentaire des jeunes enfants jusqu'à ce qu'ils puissent écrire avec fruit sur le papier. Cette ingénieuse invention a été honorée dès son apparition du suffrage et de l'approbation des plus recommandables maisons d'éducation de Paris : les succès obtenus la recommandent à toutes les mères de famille, précepteurs, institutrices, etc. La tablette renferme une méthode d'écriture graduée ou une méthode de dessin : un crayon spécial pour les jeunes mains favorise les progrès de cet art si difficile aux enfants. On évite par ce procédé les taches d'encre et les accidents qu'occasionne l'usage des plumes. La blancheur, la transparence de la tablette et le beau noir du crayon, en rendent l'usage préférable à toute sorte de papier, et surtout à l'ardoise grise, si nuisible par l'âpreté de son crayon, qu'on ne peut tailler. On peut varier tous les exercices du jeune âge par l'écriture, le dessin, la géographie, la musique écrite, l'arithmétique, etc. Les artistes viennent de reconnaître que les aquarelles, les gouaches, conservent leurs couleurs inaltérables, et les portraits à la mine de plomb sont, sur cette tablette, d'un effet merveilleux.

Le célèbre docteur Sichel, oculiste, a recommandé avec empressement l'usage de la tablette verte à toutes les mères de famille dont les enfants ont la vue faible ou affectée ; c'est le trésor de l'enfance.

La tablette de bureau à double face encadrée en sapin peut rivaliser avec les plaques de porcelaine anglaise destinées à cet usage ; la différence du prix assure un succès de plus à cette invention.

177. — LEMONNIER père et fils, dessinateurs en cheveux, rue du Coq-Saint-Honoré, 13, fournisseurs de S. M. la reine des Français, honorés de médailles d'or et d'argent.

Déjà honorablement distingués et récompensés aux diverses expositions précédentes, ils exposent divers modèles de tombeaux et paysages en relief et bas-relief. L'objet principal de leur exposition est un tableau dédié à la mémoire de feu M. le duc d'Orléans, représentant la chapelle expiatoire de Neuilly. Les tableaux d'encadrement ont pour objet le mariage et le monument funèbre de Dreux. Enfin de nouvelles tresses pour colliers, bagues, bourses, boucles d'oreilles, et surtout pour bracelets, que la mode a consacrées et auxquelles ils apportent une attention toute particulière.

178. — HERMET, sellier, inventeur de COLLIER *de chevaux*, à Brie-Comte-Robert (Seine-et-Marne).

Ce collier, appliqué aux chevaux de luxe comme aux chevaux de travail, donne à ces animaux les moyens de développer toutes leurs forces sans en occasionner la perte d'une grande partie ; ils évitent de les blesser au garrot : car, ajustés au col, ils ne peuvent plus descendre sur le garrot : ils sont faits de manière qu'un seul peut se mettre tour à tour à plusieurs chevaux, et même ils peuvent être mis à des chevaux ombrageux. Leur prix est un peu inférieur à celui des colliers dont on se sert généralement, et ils ne se déforment nullement même après un assez long service.

179. — Veuve LEFORESTIER et GERMAIN, fabricants de laques et objets vernis, rue Chapon, 19 *bis*, à Paris.

Honorés d'une médaille d'honneur en 1845, ils fabriquent et exposent des articles en **LAQUE ANGLO-FRANÇAISE** qui sont supérieurs par leur solidité à tout ce que l'on fabrique dans le même genre en Angleterre et en Allemagne.

180. — VILLENEUVE et compagnie, à Paris, Palais-Royal, galerie de Valois, 175.

Exposition de 1844.

LE CONGÉLATEUR.

GLACIÈRE DE FAMILLE.

Seul appareil frigorifique approuvé par l'Académie royale des sciences.

Appareil pour faire la glace en toutes saisons et par toutes les températures.

SYSTÈME FRANÇAIS (*résultats infaillibles*), propriété de M. Villeneuve et compagnie.

P. S. Ne pas confondre cet appareil d'origine française, et qui a obtenu un grand succès à la dernière exposition nationale, avec les autres appareils frigorifiques.

Avec cet appareil, auquel il a été fait d'importantes améliorations et qui est très facile à faire fonctionner, on peut, dans un espace de 30 à 40 minutes, moyennant une légère dépense, dans tous les pays et par toutes les températures : 1° faire de la glace ; 2° frapper le vin et toute espèce de liqueurs ; 3° congeler des sorbets, fromages, punch, etc. ; enfin faire toutes sortes de glaces aux fruits, à la crème et aux sirops.

Prix : appareil n° 1, 75 fr., donne de 4 à 5 livres de glace.
Id.   n° 2, 85   »   6 à 7   id.
Id.   n° 4, 110   »   10 à 12   id.

La glace obtenue à l'aide de cet appareil est aussi dure, aussi compacte que la glace naturelle, et peut se conserver aussi longtemps.

On enverra le livret *gratis* aux personnes qui en feront la demande par lettre affranchie.

Expériences publiques les mardis, mercredis, vendredis, à 2 heures.

181. — ARNOUX, inventeur et fabricant du ROUGE FRANÇAIS *perfectionné*, rue Laúzun, 14, à Lelleville, près Paris.

Le ROUGE FRANCAIS *perfectionné* est destiné à polir l'or, l'argent, et tous les métaux alliés ou non. Ce rouge donne un poli tellement bien avivé, qu'il est supérieur à celui des Anglais; aussi maintenant ce rouge est-il préféré à Paris au rouge anglais.

182. — DELINOTE, fabricant d'ARRÈTS *pour persiennes*, à Paris, rue Chapon, 13.

183. — POTEL, fabricant de BIJOUTERIE de DEUIL, à Paris, rue Beaubourg, 50.

Admis à l'exposition de 1844. Il fabrique toute la *bijouterie de deuil*, et il est l'inventeur d'un nouveau système de solidité pour la monture du jais.

184. — BONNAL et compagnie, fabricant de gazes pour bluteaux, à Montauban (Tarn-et-Garonne); dépôt à Paris, chez M. Gautier, rue Vivienne, 7.

185. — CHAUSSON-LEDUC, fabricant du Moka de Chartres, breveté sans garantie du gouvernement, négociant au Petit-Montrouge, route d'Orléans, 107.

Cette chicorée moka de Chartres, dont les avantages supérieurs ont été appréciés depuis 4 ans par les consommateurs, est le résultat d'un travail nouveau et de soins tout particuliers apportés à la fabrication. Elle a une supériorité sur toutes les autres, en ce qu'elle épaissit et fortifie le café noir et au lait. Cette chicorée, lui laissant une couleur foncée et limpide, ne forme aucun dépôt et en augmente le bon goût.

186. — DUNAND, pharmacien à Paris, rue du Marché-Saint-Honoré, 5.

Tient du **PAPIER** préparé pour les *douleurs rhumatismales* et pour les *corps aux pieds, ognons et durillons*. Prix : 1 et 2 fr. le rouleau.

EAU BALSAMIQUE *orientale* pour les soins de la bouche, raffermir et fortifier les gencives. Prix : 2 fr. le flacon.

Plantes des *Alpes*, ou thé employé en infusion théiforne, comme rafraîchissant, béchique et dépuratif. 1 fr. le paquet et 50 c. le demi-paquet.

187. — GIROUD, facteur de **PIANOS**, à Paris, rue de la Boule-Rouge, 11.

Inventeur de plusieurs nouvelles améliorations, M. Giroud fabrique des pianos d'un nouveau système.

188. — CHOLLET, bottier à Versailles (Seine-et-Oise), rue du Plessis, 12.

Expose des **BOTTES SANS CAMBRURE** de son invention, ainsi que des **SOULIERS-GUÊTRES**. Ces chaussures offrent de meilleurs résultats et plus d'économie que les anciennes pour l'infanterie et la cavalerie.

189. — TIRMACHE, fabricant de garde-robes, breveté du roi, fournisseur des châteaux royaux, rue Saint-Honoré, 368, à Paris.

Expose des garde-robes fixes et portatives avec réservoir latéral à pompe, garanties inodores ; garde-robes de différents modèles, forme de fauteuils ; expose aussi des petites pompes portatives pour jardins, à jet continu, lançant l'eau à douze mètres.

190. — BIRON, **RÉSERVOIRS INODORES**, et *vases de chambre commodes et portatifs*, à Paris, rue Sainte-Anne, 22, et chez M. Charrière, rue de l'Ecole-de-Médecine, 6.

191. — PERNET, bandagiste à Paris, rue de Richelieu, 14 ; rue des Filles-Saint-Thomas, 19, et rue des Ursulines-Saint-Jacques, 5.

Fabrique des bandages herniaires francs-comtois avec ceintures sans ressorts , pelotes mobiles élastiques, compressives, pouvant maintenir les plus fortes hernies inguinales, crurales, ombilicales. Ces bandages francs-comtois portés le jour et la nuit opèrent la guérison radicale des hernies récentes ordinaires sans occasionner ni douleur ni blessures.

Il fabrique aussi des ceintures hygiéniques tenant lieu de bandages après guérison, et pouvant préserver de toute hernie ceux qui n'en seraient pas atteints. Les caleçons Pernet et ceintures Marie-Stuart sont à l'usage des deux sexes. Le bassin du ventre y est parfaitement contenu et mis à l'abri de tous les accidents.

On trouve également chez lui LES SUSPENSOIRS- BANDEAU à lacets servant de bandages et imperceptibles. C'est une invention nouvelle de M. Pernet.

192. — PINARD, fabricant de LAQUES et TOLE VERNIE , à Paris, rue Saint-Martin . 172.

Fabrique et expose divers petits meubles et objets de fantaisie en laque , ainsi que des plateaux en tôle vernie.

193. — JEANNINGROS, coutelier, fabricant de RASOIRS A LAMES MOBILES , à Ornans, département du Doubs, et dépôt à Paris, chez M. Voirin, rue Richelieu , 3.

194. — GLÉMAREC, *graveur*, rue de la Harpe, 59, à Paris.

Expose divers échantillons des gravures sorties de ses ateliers.

195. — CHEMELAT, RASOIRS, à Paris, rue de la Vielle-Bouclerie, n° 5.

Les RASOIRS ÉVIDÉS de M. Chemelat jouissent de la meilleure réputation ; et, quoique d'un prix très modéré , ils sont presque toujours supérieurs aux meilleurs rasoirs anglais.

196. — FLY, fabricant de CONSERVES ALIMEN-TAIRES et surtout de FLEURS PRALINÉES, à Paris, rue Neuve-des-Bons-Enfants, 21.

197. — H. DORVAL, serrurier-mecanicien, fabricant de COFFRES-FORTS et de SERRURES DE SURETÉ, à Paris, rue Feydeau, 14, et rue Neuve-Montmorency, 1.

198. — VIDRON, fabricant de BROSSES, à Paris, rue de Rambuteau, n° 43.

Expose des BROSSES ÉLASTIQUES *pouvant se rouler* et se plier comme un liége, genre tont à fait nouveau.

199. — DELIGNOU et compagnie, rue Saint-Marc, 9, ÉCLAIRAGE MINÉRAL ; 60 p. 100 d'économie d'argent, — 100 p. 100 en intensité de lumière.

Le liquide minéral donne une lumière d'un pouvoir éclairant supérieur au plus beau gaz. Cette lumière est calme, douce à la vue, conserve le ton des lumières, et présente sur tous les autres éclairages l'économie annoncée.

Ainsi, tandis que le gaz se vend à raison de 6 centimes l'heure le bec rond, le liquide minéral donne pour moins de 3 centimes une lumière supérieure par son intensité et sa fixité.

Un bec de lampe à huile végétale, égalant la lumière de huit bougies, coûte 8 centimes l'heure ; un bec de lampe à huile minérale, égalant la clarté de dix bougies, ne coûte que 3 centimes.

Dans la chandelle, la proportion économique est plus grande encore : ainsi la chandelle de l'artisan coûte 10 centimes et dure six heures ; la chandelle minérale dure huit heures, éclaire deux fois comme la première, et ne coûte que 6 centimes ; sans parler ici des dangers d'explosion du gaz, de ses fréquentes et subites disparitions, de la dépense d'établissement, de son odeur, de sa fumée, qui altère les dorures et les nuances des étoffes.

Sans vouloir faire davantage la critique de l'huile végétale, qui tache tout ce qu'elle touche, qui, pour brûler convenablement, a besoin d'être parfaitement épurée, nous devons cependant dire que notre huile minérale ne peut faire tache, qu'elle n'encrasse nullement les lampes, et s'y accommode d'un mécanisme simple, si simple, qu'un enfant peut suffire à leur entretien ; que la lumière est toujours limpide, blanche et fine ; qu'à égalité de poids, sa consommation est de moitié moindre que celle des huiles ordinaires.

A égalité de diamètre, son pouvoir éclairant est plus du double, et son pouvoir capillaire tel, que la mèche s'allume avec la rapidité du gaz, et n'a besoin d'être coupée qu'à intervalles éloignés ; que l'usage de cet éclairage est donc deux fois plus économique et quatre fois plus confortable. Déjà grand nombre de maisons et d'établissements ont substitué cet éclairage au gaz ; et là où un propriétaire éclairait, par exemple, sa maison avec un compteur à gaz, au prix de 40 à 45 francs par mois ; mais, par le liquide minéral, pour la somme de 18 à 20 francs, il obtient un éclairage bien supérieur. On peut du reste se rendre compte de l'exactitude de ces faits, rue Marie-Stuart, 3, où l'éclairage à l'huile minérale vient d'être substitué au gaz. Quant aux lampes, l'économie n'est pas moindre : ainsi une lampe équivalant à une Carcel, au prix de 12 francs ; une lampe équivalant à quatre chandelles, 10 francs, etc.

Pour voir l'éclairage, s'adresser à M. Delignou et compagnie, 9, rue Saint-Marc.

200. — MOUSSIER-FIÈVRE, fabricant de métal mirofore, à Paris, rue des Fossés-Montmartre, 27.

Expose : Service de table, imitant l'argenterie, en métal mirofore, de la seule fabrique de Moussier-Fièvre, rue des Fossés-Mont-martre, 27. Fabrique barrière Pigale, passage de l'Elsée des Beaux-Arts, n° 11, extra-mnros.

201. — HERLUISON, serrurier-mécanicien, expose une NACHINE A ESTAMPER LES COUVERTS D'ARGENT, et un modèle de PLANCHER EN FER, à Paris, rue Blanche, n° 42 bis.

202. — SOHN (Jules), membre de plusieurs sociétés savantes, *seul inventeur* de la matière plastique, créée par lui et brevetée en 1839, place de la Madeleine, et passage de l'Opéra, 3.

Expose plusieurs objets d'art et de sculpture en composition plastique. — Le premier coup d'œil jeté sur les objets de sculpture faits en cette matière suffira pour lui procurer l'approbation de tous les hommes de goût ; elle imite parfaitement les couleurs et le poli du marbre, aussi bien que la vieille pierre ; et, grâce à elle, la sculpture entrera dorénavant dans l'ameublement de tous les appartements, d'autant plus que ni le temps, ni la poussière, ni l'humidité, ne sauraient altérer son aspect si flatteur pour l'œil.

La solidité de la matière plastique la rend propre à un transport lointain. Cette matière peut être appliquée sur tous les objets en plâtre pour le durcir et lui donner diverses imitations.

203. — TEXIER, fabrique de statues en pierre factice, rue Marie-Blanche, 5, à Montmartre.

Il expose un groupe de *l'Amour et Psyché*, *le Mercure messager*, et une *Vénus de Canova*.

Cette maison se livre tout particulièrement à la fabrication des statues en pierre factice ayant le grand et important avantage de résister aux intempéries des saisons.

En effet, dit le rapport de l'exposition nationale de 1844, d'après lequel il a obtenu une médaille à cette exposition, les statues en pierre factice, ciment de porcelaine que M. Texier a fabriqué depuis 25 ans, sont restées depuis ce temps exposées à l'air sans avoir éprouvé aucune altération. Leur dureté égale celle du liais le plus dur. Aujourd'hui il est parvenu à mouler ses statues d'un seul bloc.

204. — DECHANY, breveté, sans garantie du gouvernement, pour CRÉMONES et ESPAGNOLETTES, rue Ménilmontant, 94, à Paris.

Fabrique des espagnolettes et crémones, ainsi que toute la cuivrerie et serrurerie de bâtiment.

205. — GEORGER, distillateur et parfumeur, boulevart Montmartre, 6, en face du théâtre des Variétés, ci-devant même boulevart, 10, à Paris.

NÉCESSAIRE COMPLET DE TOILETTE DE GEORGER

Pour la campagne ou le voyage.

Prix : 5 fr. en carton, 6 fr. en sapin du nord.

4 articles spéciaux :

1° Eau de Georger (dite eau Française), à l'usage de la toilette et du mouchoir, remplaçant avec avantage l'eau de Cologne;

2° Un flacon d'eau de Florence pour les dents;

3° Une boîte de poudre de Florence pour les dents ;

4° Une brosse de Paris, garantie (*par échange*).

Nota. Chaque objet se vend séparément.

206. — JOSSELIN , fabricant de CORSETS et de BUSCS MÉCANIQUES, à Paris, 13, rue de la Paix ; ci-devant rue du Ponceau, 2. Les ateliers sont rue du Marché-Saint-Honoré, 25.

Il expose des buscs à coulisses, invention nouvelle de Josselin, breveté et récompensé en 1828, 1830, 1832, 1834 et 1843, par des médailles de bronze, d'argent, d'or et de platine, de l'Académie royale de médecine, de la Société d'encouragement, de l'Académie de l'industrie et des expositions gouvernementales.

Ces nouveaux buscs à coulisses, brevetés pour quinze ans, se recommandent par leur simplicité, leur légèrcté, leur solidité et la modicité de leur prix.

Il expose aussi l'agrafe *fibuline* qui est destinée à fixer, maintenir ou suspendre tout vêtement d'homme et de femme, ainsi que l'indique son nom, venant de *fibula*, qui signifiait l'agrafe au moyen de laquelle les anciens attachaient leur manteau.

207. — LE PAUL, serrurier-ingénieur-mécanicien , seul fournisseur de Leurs Majestés le Roi, la Reine, la Famille royale et l'armée, à Paris, rue de la Paix, 2.

A exposé un grand coffre-fort de la plus grande sûreté, garni de clous trempés, fermant par une serrure à double pompe de son invention et d'une combinaison nouvelle et sans point d'appui.

20 serrures différentes à double pompe de porte d'entrée et autres.

10 verrous de sûreté de différentes grandeurs.

10 serrures de secrétaire, de tiroirs et armoires; des verrous de voyages, des caches-entrées à cadenas et à serrure.

Un balancier nouveau modèle avec une force de levier extraordinaire.

Un cric à balancier et engrenage à encliquetage, et divers articles de ménage de sa fabrique de Plombières.

208. — ANNAT et CHABASSIER, *confiseurs*, à Clermont-Ferrand (Puy-de-Dôme).

Se livre à la fabrication des *marmelades* et *pâtes d'abricots* et d'autres fruits ainsi que des *fruits entiers confits.*

209. — LEY, serrurier, à Paris, rue Laval, 15, près la place Bréda.

Fabrique des nouvelles serrures brevetées et approuvées par

les architectes et beaucoup d'ébénistes ; elles ont l'avantage quoique d'un prix modéré, qu'étant fournies avec la gâche, les écussons, la rondelle et la poignée, elles peuvent être posées par le premier venu : on peut aussi les rendre incrochetables.

210. — MARCHON, mécanicien, inventeur et constructeur d'un nouveau PÉTRISSEUR MÉCANIQUE, à Étampes (Seine-et-Oise), et à Paris pour le voir fonctionner chez M. Cernay, boulanger, route d'Ivry, 10, après la barrière d'Italie.

211. — ÉVANS, *naturaliste*, à Paris, quai Voltaire, 5.

Ce naturaliste monte et compose des groupes d'oiseaux en tous genres. Il démontre l'art d'empailler d'après une méthode sûre et facile.

On trouve dans son cabinet tout ce qui est relatif à cet art.

Mme Evans donne aussi des leçons de taxidermie aux dames.

212. — PASSERIEUX, fabricant inventeur de *cordons conducteurs de la voix*, à Paris, rue des Vinaigriers, 25.

Expose différents systèmes de porte-voix soit à sonnette, soit à sifflet pour avertissement, au moyen desquels on peut communiquer réciproquement sa pensée ou son commandement à une très grande distance sans sortir de sa chambre, ni même de son lit si on le désire, et de plus rien déranger personne. Ses cordons conducteurs ont été mentionnés honorablement à l'exposition nationale de 1839.

213. — GILBERT et compagnie, fabricants de CRAYONS pour dessin et écriture, à Givet (Ardennes).

214. — PHILIPPOT, propriétaire d'exploitations de MARBRES, à Perpignan (Pyrénées-Orientales)

Expose divers échantillons des marbres des Pyrénées. Au nom-

bre de ces échantillons on peut remarquer les nᵒˢ suivants : le
nᵒ 1, une brèche des environs de Perpignan exploitée depuis 1839;

Le nᵒ 2, un marbre près Estayel, découvert en 1844 et dont
l'exploitation a été commencée en 1846 ;

Le nᵒ 3, un marbre rosaté d'Estayel exploité en 1845 :

Le nᵒ 4, un marbre griote de Conat, près Prades, exploité depuis 1843 et qui a valu à M. Philippot une médaille à l'exposition
nationale de 1844.

215. — BEROLLA (Henri), horloger. Fabrique et vente de montres, pendules, bronze et riche horlogerie, à Paris, au Palais-Royal, galerie
d'Orléans, 20.

216. — MAIRE (Michel), bottier, breveté,
sans garantie du gouvernement, pour de nouvelles CHAUSSURES DE TROUPE, à Metz, rue des Peti-
tes-Tappes, 1.

Honoré de plusieurs médailles par l'Académie royale de Metz,
et d'une en 1845 par l'Académie de l'industrie, M. Michel Maire
expose cette année des bottes-souliers et autres chaussures qui
se font remarquer par leur forme convenable et par la modicité
de leurs prix. Il expose aussi des brodequins corioclaves pour le
service de la troupe et pour la chasse.

217. — PIERROT-GRISAR, fabricant d'arti-
cles de ménage et exposant des PELLES ET PINCET-
TES, à Nouzon, près Charleville, et à Paris, chez
M. Hurez, rue du Faubourg-Montmartre, 42.

218. — BARBAZAN (Jules), maître de forges,
fabricant d'ACIERS de la Corrèze, fournisseur de
la manufacture royale d'armes de Tulle.

Expose des ACIERS de divers échantillons provenant des fers

limousins exposés en 1845 par **M. J. Barbazan** et qui ont obtenu la médaille d'argent.

Ces aciers sont les premiers produits de l'aciérie fondée cette année à Uzerche (Corrèze) par **M. Barbazan**, et rivalisent avec les aciers provenant des fers de Suède.

219. — BENARD ET Cᵉ, fabricants de CÉRUSE, à Honfleur (Calvados).

Exposent des pains de céruse fabriqués par des procédés plus favorables que les anciens à la salubrité de leurs ouvriers.

220. — DE GASTON, gérant de la Société des couvertures en OROPHOLITHE de l'invention de M. CHRÉTIEN, à Paris, rue Hauteville, 35.

Cette couverture nommée oropholithe, remplaçant le plomb, le zinc, la tuile, l'ardoise, propre à la couverture des terrasses, chéneaux, revêtissements des parois intérieures des murs contre le salpêtre, hydrofuge et imperméable, à l'abri de la température, se fabrique et s'emploie à froid. On fait des tapis en mosaïque, imitation des dallages de tous genres. Le prix est inférieur au zinc n° 14. On applique la feuille de $2^m.25$ sur $1^m,12$. On fait des enduits sur des aires de plâtre ou de chaux et sable, etc.

221. — GUÉRIN, armurier, à Paris, rue du Faubourg-Saint-Martin, 93, dans la cour.

Expose un **NOUVEAU FUSIL** dont le procédé garantit de tout accident, ainsi que l'ont reconnu les chasseurs et les connaisseurs qui l'ont vu, notamment **M. LEPAGE**, ancien arquebusier du roi.

222. — LEBRUN, relieur, à Paris, rue de Grenelle-Saint-Germain, 126.

Ce relieur, qui réunit le bon goût à la solidité, expose divers volumes reliés avec encadrement composé de filets placés à la main et à petits fers dans le genre Grolier. On y remarque surtout plusieurs ouvrages avec reliures *en cuir de Russie* DE COULEURS VARIÉES, ainsi qu'un assortiment de livres de piété à bon marché dans les prix de 7 à 15 fr., reliés en velours et avec fermoirs.

223.— CHIBON ET Cᵉ, couvreur, fabricant de COUVERTURES EN ZINC, tuiles et ardoises, à Paris, quai Jemmapes, 8.

224. WINGERTER et Cᵉ, (Georges), Fabricants de *poteries* et tuyaux, en GRÈS D'ALSACE. à Paris, rue de la Fidélité, 21.

Cette Manufacture qui a été breveté d'invention pour le procédé mécanique qu'elle employe pour confectionner ses tuyaux, se distingue par la beauté et la qualité supérieure de ses produits.

— —

Nota. Les numéros des produits exposés qui ne se trouvent pas sur ce catalogue n'ont pu y être placés parce que les exposants n'ont pas fait inscrire leurs noms en temps utile.

Quelques autres industriels, dont les produits n'ont pu être terminés, n'ont pas exposé, quoique figurant sur ce Catalogue.

TABLE PAR ORDRE DE NOMS.

TABLE PAR ORDRE DE NOMS.

TABLE PAR ORDRE D'INDUSTRIES,